Asphalt Concrete ~~s~~ Embankment D

Noyaux de Béton Bitumineux Pour Les Barrages en Remblai

This Bulletin covers the state-of-the-art of current practice after the important development in design and construction during the last 25 years. It addresses all aspects of the design, construction, performance and operation. Characteristics of asphalt concrete cores, requirements for the mix design, laboratory testing and quality control are discussed. Technical specifications are also presented and proposed. Finally, several typical case histories with characteristics and performance are given in Appendices.

Ce Bulletin présente l'état actuel des dernières pratiques suite aux développements importants en conception et en construction accomplis au cours des 25 dernières années. Il renferme tous les aspects de la conception, de la construction, du comportement et de l'exploitation. Les caractéristiques des noyaux de béton bitumineux, les exigences pour la conception des mélanges, les essais en laboratoire et le contrôle de la qualité sont analysés. Le devis descriptif est également présenté et proposé. Pour terminer, plusieurs cas-types, accompagnés des caractéristiques et du comportement, sont relatés en annexe.

INTERNATIONAL COMMISSION ON LARGE DAMS
COMMISSION INTERNATIONALE DES GRANDS BARRAGES
6 quai Watier, 78400 Chatou (France)
Telephone : + 33 6 60 53 07 31
http://www.icold-cigb.org./

Cover illustration: Mbashe River 30 m high hydropower diversion weir, with a 1.4 km long tunnel to the Colley Wobbles hydro-electric power station (42 MW), commissioned in 1985, owned by Eskom, South Africa. The original storage capacity of the diversion weir of 9 million m^3 was mostly silted up within 2 years after commissioning.

Couverture: Déversoir de dérivation hydroélectrique de 30 m de haut de la rivière Mbashe, avec un tunnel de 1,4 km de long vers la centrale hydroélectrique de Colley Wobbles (42 MW), mise en service en 1985, appartenant à Eskom, Afrique du Sud. La capacité de stockage initiale du déversoir de dérivation de 9 millions de m^3 a été en grande partie ensablée dans les deux ans qui ont suivi la mise en service.

CRC Press/Balkema is an imprint of the Taylor & Francis Group, an informa business

© 2025 ICOLD/CIGB, Paris, France

Typeset by codeMantra

Published by: CRC Press/Balkema
Schipholweg 107C, 2316 XC Leiden, The Netherlands
e-mail: Pub.NL@taylorandfrancis.com
www.routledge.com – www.taylorandfrancis.com

Original text in English
French translation by the CDA & CFBR
Layout by Nathalie Schauner

Texte original en Anglais
Traduction en français par l'ACB et le CFBR
Mise en page par Nathalie Schauner

ISBN: 978-1-032-87149-3 (Pbk)
ISBN: 978-1-003-54405-0 (eBook)

LIST OF MEMBERS / LISTE DES MEMBRES

Chairman / Président :

Canada   Jean-Pierre TOURNIER

Vice-Chairman / Vice-président :

South Africa / Afrique du Sud   Danie BADENHORST

Members / Membres :

Australia / Australie   Gavan HUNTER
Austria / Autriche   Peter TSCHERNUTTER
Brazil / Brésil   Cassio VIOTTI
Bulgaria / Bulgarie   Netzo DIMITROV
China / Chine   Li NENGHUI
Colombia / Colombie   Alberto MARULANDA
Finland / Finlande   Juha LAASONEN
France   Jean-Jacques FRY
Germany / Allemagne   Markus LIMBACH
Greece / Grèce   George DOUNIAS
India / Inde   V. K. KAPOOR
Indonesia / Indonésie   D. JAWARDI
Iran   Nasser TARKESH DOOZ
Italy / Italie   Francesco FEDERICO
Japan / Japon   Hidekazu TAGASHIRA
Norway / Norvège   Vahid AFSARI-RAD
Pakistan   Waseem ASGHAR
Portugal   E. MARANDA DAS NEVES
Russia / Russie   Vadim RADCHENKO
Slovakia / Slovaquie   Marian MISCIK
Spain / Espagne   Antonio SORIANO
Sri Lanka   L. SOORIYABANDARA
Sweden / Suède   Ingvar EKSTRÖM
Switzerland / Suisse   Peter BRENNER
Thailand / Thaïlande   A. SRAMOON
Türkiye / Turquie   Nurettin PELEN
United Kingdom / Royaume-Uni   Rodney C. BRIDLE
United States / États-Unis   David PAUL
Venezuela   Gabriel MARTINEZ

Co-opted members / Membres cooptés

Canada   Éric PELOQUIN
France   Thibaut MALLET
Türkiye / Turquie   Mehmet H. ASKEROGLU

SOMMAIRE	CONTENTS

TABLE DES MATIERES

TABLE OF CONTENTS

TABLEAUX & FIGURES

TABLEAUX

TABLES & FIGURES

TABLES

FIGURES

FIGURES

1. PRÉFACE

Pendant sa réunion de Téhéran, en 1975, le Sous-comité sur les matériaux neufs, qui est devenu en 1977 le Sous-comité sur les matériaux pour les barrages en matériaux meubles, a demandé au Comité national allemand d'étendre ces études à l'utilisation de mélanges bitumineux pour l'imperméabilisation des barrages en matériaux meubles à noyaux bitumineux. Après deux rapports préliminaires, le Bulletin 42, « *Noyaux bitumineux pour barrages en terre et en enrochement* », a été approuvé et publié en 1982. Ce bulletin présentait les critères de conception, les méthodes de construction et les tests, avec quelques exemples d'applications et de comportement. Une décennie plus tard, en 1992, une version actualisée, le Bulletin 84, a été publiée sous le titre « *Noyaux bitumineux pour barrages en remblai – Technique actuelle* ». À cette date, plus de 60 barrages à noyaux de béton bitumineux, atteignant dans certains cas des hauteurs de 100 mètres et même plus, avaient été construits. Grâce à ce développement dynamique, de l'expérience a été acquise dans les domaines de la conception, des méthodes de construction et des mesures de contrôle. Le Bulletin 84, préparé par le Comité allemand, a tenu compte des nombreuses années de développement systématique de cette technique d'étanchéisation pour les barrages, qui provenait principalement d'Allemagne. Certaines méthodes légèrement différentes ont été fondées sur cette technique courante.

Depuis les quinze dernières années, ce type de barrage gagne en popularité. Près de 200 barrages en remblai à noyau de béton bitumineux (BRNBB), qui offrent un excellent rendement sur le terrain, ont été construits à l'échelle mondiale. Des recherches exhaustives ont été effectuées dans la technologie et le développement de machinerie pour les noyaux de béton bitumineux. Le Comité sur les barrages en matériaux meubles, qui porte depuis 2010 le nom de Comité sur les barrages en remblai, a décidé d'actualiser le Bulletin. Cette tâche ambitieuse a été entreprise par des spécialistes tirés des représentants des comités nationaux d'Autriche, d'Allemagne, de Norvège, de Chine et du Canada.

Je remercie tout particulièrement Peter Tschernutter qui a assuré la coordination du groupe de travail, et également Helge Saxegaard, Markus Limbach et Weibiao Wang pour leur participation active et constante : j'exprime notre plus grande reconnaissance à chacun d'entre eux. Je remercie également Kaare Hoeg pour plusieurs commentaires ainsi que pour sa contribution avec Martin Wieland au chapitre intitulé Charge sismique et résistance (4.2.6). Finalement je remercie sincèrement le Comité Canadien pour la traduction française ainsi que pour certaines clarifications et précisions apportées aux deux versions à cette occasion.

Jean-Pierre Tournier
Président,
Comité sur les barrages en remblai

Remarques:

1 – Une méthode de construction appelée méthode pierre-bitume, a été utilisée dans certains pays avant 1984. Cette méthode ne doit pas être considérée comme un noyau de béton bitumineux et elle ne fera l'objet d'aucune autre discussion dans le présent Bulletin.

2 – Une technique différente a été utilisée en Russie pour les barrages en remblai de grande taille. Le mélange de béton bitumineux ayant une teneur en bitume de 10 à 12% est sursaturée de bitume (c'est ce que l'on appelle un béton bitumineux « fluide » ou « cat »). Cette technique est relativement semblable à la méthode de placement mécanique du noyau de béton bitumineux, mais elle n'est pas approfondie davantage dans le présent Bulletin.

1. FOREWORD

During its meeting in Tehran in 1975, the Sub-Committee on New Materials renamed in 1977 Sub-Committee on Materials for Fill Dams, asked the German National Committee to extend these studies on the use of bituminous mixes for waterproofing of fill dams to bituminous cores. After two draft reports, Bulletin 42 "*Bituminous Cores for Earth and Rockfill Dams*" was approved and published in 1982. This bulletin dealt with design criteria, construction methods and tests with some examples of application and performance. A decade after, in 1992, an update version, Bulletin 84, was published: "*Bituminous Cores for Fill Dams – State of the Art*". At that time more than 60 dams with asphalt concrete cores - in some instances with heights of 100 meters and more - have been built. As a result of that dynamic development, experiences have been gained in design, construction methods and control measures. Bulletin 84, prepared by the German Committee, has taken into consideration the many years of systematic development of this sealing technique for dams which mainly originated in Germany. Some slightly varying methods were based on this standard technique.

Since the last fifteen years, this type of dam is gaining in popularity. Nearly 200 asphalt concrete core embankment dams (ACED) have been built worldwide with excellent field performance. Comprehensive research in the technology and development of asphalt concrete core machinery has been done. The Committee on Materials for Fill Dams, renamed in 2010 Committee on Embankment Dams, has decided to update the Bulletin. That ambitious task was taken by specialists from Austrian, German, Norwegian, Chinese and Canadian national committee representatives.

I wish to record special thanks to Peter Tschernutter who has assured the coordination of the working group and also to Helge Saxegaard, Markus Limbach and Weibiao Wang for their active and constant participation; to all of them, our greatest appreciation. I also express my gratitude to Kaare Hoeg for several comments and to him and Martin Wieland for their contribution on the chapter Seismic Loading and Resistance (4.2.6).

Jean-Pierre Tournier
Chairman,
Committee on Embankment Dams

Notes:

1 – A construction procedure, known as the stone-bitumen-method, has been used in some countries in the period before 1984. This method should not be considered as an asphalt concrete core and is not discussed further in this Bulletin.

2 – A different technique has been used in Russia for large embankment dams. The asphalt concrete mix with a bitumen content of 10 to 12% is supersaturated with bitumen (called "flowing" asphalt concrete or "cat" asphalt concrete). This technique is fairly similar to the machinery placed asphalt concrete core method but not developed further here.

2.   INTRODUCTION

Il y a environ 5 000 ans, un petit barrage a été construit dans la vallée du fleuve Indus, en utilisant de l'asphalte comme mortier entre les pierres. Il s'agissait d'une des premières utilisations de l'asphalte en tant que matériau imperméable. Toutefois, le premier barrage « moderne » à noyau de béton bitumineux, placé et compacté mécaniquement, a été construit en Allemagne en 1962. Cette méthode s'est d'abord étendue en Europe, particulièrement en Allemagne et en Autriche. Aujourd'hui, près de 200 barrages en remblai à noyau de béton bitumineux (BRNBB) ont été construits ou sont en cours de construction dans différents pays à l'échelle mondiale. Parmi eux, le barrage Quxue en Chine, d'une hauteur de 174 mètres, est le plus haut : toutefois, la conception de BRNBB encore plus hauts est en cours. On cumule actuellement plus de 50 années d'expérience réussie pour ce type de barrage.

Leur gain de popularité, particulièrement au cours des quinze dernières années, dans les secteurs de la rétention d'eau, de l'énergie hydroélectrique et de l'exploitation minière, correspond à l'excellence de la performance et du comportement consignés sur le terrain pour ce type de barrage, ainsi qu'aux recherches exhaustives dans la technologie et le développement de machinerie pour les noyaux de béton bitumineux.

2. INTRODUCTION

Approximately 5.000 years ago, a small dam was built in the Indus River valley, using asphalt as a mortar between stones. That was one of the first utilization of asphalt as an impervious material. However, the first "modern" asphalt concrete core dam, mechanically placed and compacted, was built in Germany in 1962. This method expanded first in Europe, particularly in Germany and Austria. As of today, almost 200 asphalt concrete core embankment dams (ACED) have been built or are under construction in different countries around the world. Among them, the 170 m high Quxue Dam in China will be the highest; however, even higher ACEDs are under design. There are now more than 50 years of successful experience for this dam type.

The gain of popularity, particularly the last fifteen years, in the water retaining, hydropower and mining industries, follows the excellent recorded field performance and behavior for this type of dam, and also comprehensive researches in the technology and development of asphalt concrete core machinery.

3. CARACTÉRISTIQUES DES NOYAUX DE BÉTON BITUMINEUX

3.1. CARACTÉRISTIQUES DE CONCEPTION DES NOYAUX DE BÉTON BITUMINEUX

La base de l'application des noyaux bitumineux dans les barrages est le comportement élasto-plastique du béton bitumineux comme matériau de construction. Cette caractéristique contribue à prévenir les fissures dans le noyau à la suite de déformations du remblai, assurant ainsi l'imperméabilité du noyau.

Voici les caractéristiques de conception spécifiques des noyaux de béton bitumineux :

- Faible perméabilité pour assurer l'étanchéité à l'eau

- Résistance élevée à toutes les forces de charge

- Flexibilité élevée pour prévenir les fissures attribuables aux déformations imposées du remblai

- Résistance au vieillissement

- Le mélange de béton bitumineux du noyau peut être conçu pour atteindre les déformations et les impacts de charge prévus

- Bonne capacité de cicatrisation et résistance à l'érosion

3.2. CARACTÉRISTIQUES SPÉCIALES DES BRNBB

3.2.1. Principaux avantages des BRNBB

- Les dossiers de comportement des BRNBB existants démontrent que si le barrage a été bien conçu et construit, il n'y a aucune fuite au travers du noyau de béton bitumineux.

- La construction des BRNBB est rapide et facile, et elle est beaucoup moins affectée par les conditions météorologiques. Dans les régions très pluvieuses, la durée de construction globale d'un noyau de béton bitumineux peut être réduite par rapport à la plupart des autres types de barrages. À l'intérieur du remblai, le noyau de béton bitumineux est encastré dans des conditions idéales et est indépendant des effets climatiques externes. Il restera souple et imperméable pendant toute la durée de vie du barrage.

- En général, un noyau de béton bitumineux peut être construit très rapidement. Le facteur qui limite l'échéancier de construction est en fait l'avancement de la construction du remblai. Il est important de tenir compte et de considérer une durée de construction potentiellement plus courte pour un BRNBB.

3.   CHARACTERISTICS OF ASPHALT CONCRETE CORES

3.1.   DESIGN CHARACTERISTICS OF ASPHALT CONCRETE CORES

The basis for application of bituminous cores in dams is an elasto-plastic behavior of the asphalt concrete as a building material. This characteristic helps to prevent cracks in the core subsequent to deformations of the embankment, thus ensuring the imperviousness of the core.

The specific design characteristics of asphalt concrete cores are:

- Low permeability to ensure water tightness

- High resistance to all loading forces

- High flexibility preventing cracking due to imposed embankment deformations

- Resistance to aging

- The asphalt concrete mix of the core can be designed to achieve the expected load impacts and deformations

- Good self-healing capacity and resistance against erosion

3.2.   SPECIAL FEATURES OF ACEDS

3.2.1.   Main Advantages of ACEDs

- Performance records from existing ACEDs show no leakage through the asphalt concrete core if the dam was well designed and constructed.

- ACEDs are fast and easy to construct, and the construction is much less impacted by weather conditions. In areas with much rain, the overall construction time for an asphalt concrete core can be shortened in comparison with most of other dam types. Inside the embankment the asphalt concrete core is embedded under ideal conditions and independent from external climatic impacts. It will remain flexible and impervious over the dam's lifetime.

- An asphalt concrete core can generally be built very fast. The limiting factor for the construction schedule is basically the progress of the embankment construction. It is important to consider and calculate the potential shorter construction time for an ACED.

- Les noyaux de béton bitumineux à l'intérieur des barrages confèrent la protection la plus élevée contre les dommages causés par les actes de guerre ou le sabotage.

- La compatibilité et la forte résistance au cisaillement entre le béton bitumineux et les matériaux du remblai, ainsi qu'un support suffisamment élevé par les zones adjacentes de terre ou d'enrochement.

- Un noyau de béton bitumineux est un élément imperméable homogène sans joint.

- Les BRNBB conviennent également dans les zones sismiques en raison de la grande flexibilité du mélange de béton bitumineux.

- Les BRNBB peuvent être conçus et construits même si seul un matériau de moins bonne qualité est disponible pour le remblai, puisque le béton bitumineux réagit de manière très ductile et qu'il possède la capacité à rester imperméable malgré les déformations importantes du remblai.

- Comme l'eau ne peut pas pénétrer le noyau de béton bitumineux, le critère de filtration pour les zones adjacentes au noyau peut être assoupli comparativement aux types de barrages dont l'organe d'étanchéité est constitué d'un remblai de sol compacté.

- Les matériaux du noyau de béton bitumineux sont insolubles dans l'eau et compatibles avec l'environnement, et il a été prouvé qu'ils n'étaient pas nocifs pour l'eau potable.

3.2.2. Questions à considérer relativement aux BRNBB :

- Le noyau de béton bitumineux se situe au centre du barrage, et l'exécution de toute réparation par la suite pourrait s'avérer complexe et coûteuse. Toutefois, à ce jour, aucune réparation n'a été requise pour les 165 BRNBB déjà construits jusqu'en 2018.

- La construction du noyau de béton bitumineux nécessite du matériel spécialisé et du personnel chevronné, et souvent, ces services ne sont pas disponibles localement. Les services spécialisés sont considérés comme étant nécessaires en raison des exigences en matière de haute qualité pour le noyau de béton bitumineux du barrage. Néanmoins, les travaux de construction peuvent être effectués par les travailleurs locaux, si ceux-ci ont suivi une formation préliminaire et sont ensuite supervisés par un personnel chevronné.

- La construction du noyau de béton bitumineux et celle du remblai central ne peuvent pas commencer tant que le socle en béton et le travail d'injection de coulis dans la partie centrale ne sont pas terminés. Cependant, les recharges amont et aval peuvent être construites à l'intérieur de certaines limites.

- Asphalt concrete cores in the interior of dams provide the highest protection against damage caused by acts of war or sabotage.

- Compatibility and high shear resistance between the asphalt concrete and the materials of the embankment as well as a sufficiently high support by the adjacent earth or rockfill zones.

- An asphalt concrete core is a homogenous impervious element without joints.

- ACEDs are also suitable in earthquake areas due to the high flexibility of the asphalt concrete mix.

- Due to the very ductile behavior of the asphalt concrete and its ability to remain impervious in case of large embankment deformations, ACEDs can also be designed and constructed if only poor material for the embankment is available.

- As no water penetrates through the asphalt concrete core, the filter criteria for the adjacent zones to the core are very relaxed compared to other strong criteria for most other embankment dam types.

- Asphalt concrete core materials are insoluble in water, environmentally compatible and have been proven to be non-harmful for drinking water.

3.2.2. Issues to be considered for ACEDs:

- The asphalt concrete core is in the middle of the dam, and it is complex and costly to perform any repair work if later required. However, with more than 165 ACEDs being already built (2018), no repair work has been required for asphalt concrete core dams.

- Asphalt concrete core construction requires specialized equipment and experienced personnel, and such services are often not locally available. The specialized services are considered as necessary due to the high-quality requirements for the asphalt concrete core in the dam. However, the construction work can be performed by local workers, given preliminary training and thereafter under supervision by experienced personnel.

- The asphalt concrete core construction and the central embankment construction cannot commence until the concrete plinth and the grouting work in the central part is completed. However, the upstream and downstream shoulders can be built up within limits.

Fig. 3.1
Séquence des travaux de mise en place du BRNBB (barrage Rennersdorf, Allemagne, 2010)

- Un BRNBB peut être construit très rapidement (voir l'annexe B, barrage Foz de Chapeco) et la mise en eau du réservoir peut être effectuée au fur et à mesure de la construction du barrage, comparativement à certains autres types de barrages.

- Si on prévoit effectuer une injection de coulis supplémentaire une fois la construction du barrage terminée, une galerie sous le noyau de béton bitumineux devrait être prévue à la conception du barrage.

3.3. CARACTÉRISTIQUES ÉCONOMIQUES

Estimation des coûts :

Les coûts unitaires pour le matériau du noyau de béton bitumineux et la construction d'un BRNBB ne peuvent pas être calculés facilement. Ils dépendent de la situation locale et des principaux éléments énumérés ci-dessous :

- La location et la mise en place d'une centrale d'enrobage appropriée (centrale de dosage) sur le chantier sont des éléments majeurs du coût, sauf s'il existe une centrale à distance raisonnable du site du barrage.

- Coût du bitume, selon la teneur dans le mélange (généralement entre 6,5 et 7,5% en poids).

- Coûts liés au matériel, au transport et au personnel pour le placement relatif à la période de construction ou au calendrier des travaux.

Fig. 3.1
Earthwork sequence and following ACED placing (Rennersdorf Dam, Germany, 2010)

- An ACED can be built very fast (see Appendix B, Foz de Chapeco dam) and the reservoir impounding can be performed as the dam construction progresses in comparison to some other dam types.

- If additional foundation grouting is foreseen after the dam was completed, a gallery under the asphalt concrete core should be included in the design.

3.3. ECONOMIC CHARACTERISTICS

Cost estimation:

The unit costs for the asphalt concrete core material and the construction of an ACED cannot easily be calculated and depend on local circumstances and the main items listed below:

- Rental and establishment of a suitable asphalt mixing plant (batch plant) on site is a major cost item unless there is an existing plant within reasonable distance to the dam site.

- Costs for the bitumen depending on the content in the mix (usually between 6.5 to 7.5% measured by weight).

- Equipment, transportation, and personnel costs for placement related to construction period or construction schedule.

- Autres influences spécifiques du projet.

- • Par conséquent, le prix sera élevé lorsque le volume du noyau de béton bitumineux est relativement petit et dépend du calendrier des travaux.

Autres aspects :

- Les barrages ayant un noyau de béton bitumineux permettent la mise en eau pendant la construction, ce qui permet d'emmagasiner l'eau avant l'achèvement du barrage et de générer de l'électricité. Souvent, la conception des batardeaux peut être simplifiée pour la même raison.

- En général, les BRNBB ne nécessitent pas d'entretien.

- Avec les noyaux de béton bitumineux, les nombreuses cicatrices causées par les emprunts d'argile ou de terre sont éliminées.

- Le socle en béton servant de fondation pour le noyau de béton bitumineux est beaucoup plus simple comparativement à celui des barrages en enrochement avec parement amont en béton en raison des forces simplifiées qui agissent dessus, et sa longueur est plus courte car celui-ci est situé sur la ligne centrale du barrage.

- C'est une pratique courante, que l'on croit généralement nécessaire, d'utiliser pour les BRNBB des granulats très solides et sains, comme ceux utilisés pour le bitume routier. Si de tels granulats ne sont pas disponibles, des matériaux de moindre qualité peuvent également être utilisés, mais leurs propriétés réduites ne doivent pas nuire à la durée de vie du barrage.

3.4. INFLUENCE DU CLIMAT – TEMPS FROID OU CHAUD, PRÉCIPITATIONS

Le béton bitumineux spécifique utilisé pour les BRNBB est beaucoup plus dense et visqueux que le bitume routier ordinaire. La température de production recommandée dépend du type et de la catégorie de bitume. Les couches ont une épaisseur de 20 à 25 cm et le matériau à l'intérieur du noyau restera chaud et visqueux pendant une longue période, même si les parties extérieures du noyau ont refroidi. Lorsqu'une nouvelle couche de béton bitumineux est mise en place sur la précédente (température minimale requise pour cette couche avant la mise en place de la nouvelle), la chaleur contenue réchauffera suffisamment le dessus de la couche pour que les deux couches fusionnent sans joint détectable. Une couche d'accrochage entre les deux couches n'est donc pas requise, sauf dans des cas très particuliers. Le placement du noyau de béton bitumineux est donc très différent du pavage routier ordinaire.

Toutes les épandeuses modernes utilisées pour le noyau sont dotées d'un radiateur à infrarouge à l'avant. Cela permet principalement d'évaporer l'humidité qui pourrait se trouver sur la couche précédente, et accessoirement de réchauffer le dessus de la couche inférieure. L'humidité potentielle augmente considérablement de volume lorsqu'elle se transforme en vapeur, et pour assurer une bonne liaison entre les couches, il est important d'éviter que l'humidité soit emprisonnée entre les couches. Les filtres installés sur les deux côtés du noyau de béton bitumineux fourniront un support latéral et horizontal pour le noyau lorsqu'ils auront été compactés. Cela conférera au noyau de béton bitumineux une surface légèrement concave, ce qui est très avantageux par temps pluvieux, car l'eau pourra s'écouler vers les filtres. Dans des cas particuliers, il pourrait également être recommandé d'enlever les débris et l'eau de pluie de la couche précédente devant l'épandeuse avec de l'air comprimé ou avec un balai mécanique.

- Other specific influences of the project.

- The price will accordingly be high when the asphalt concrete core volume is fairly small and dependent on the construction schedule.

Other aspects:

- Dams with asphalt concrete cores permit impounding during construction, allowing seasonal water to be collected prior to full completion of the dam and to generate electricity. Cofferdam design can often for the same reason be simplified.

- ACEDs are in general maintenance free.

- With asphalt concrete cores, the many scars from clay or earth borrow pits are eliminated.

- The concrete plinth as foundation for the asphalt concrete core is much simplified in comparison with a CFRD design according to the simplified forces acting on, and the plinth is shorter in length as it is in the center line of the dam.

- It is common practice and frequently believed that ACEDs require very solid and sound aggregates as used for road asphalt. If such aggregates are not available, materials with reduced quality may also be used, however, the reduced properties of the aggregates must not jeopardize the lifetime of the dam.

3.4.   CLIMATE INFLUENCE – COLD/HOT WEATHER, PRECIPITATION

The special asphalt concrete material for ACEDs is much denser and more viscous than the ordinary road asphalt. The recommended production temperature depends on the bitumen type and grade. The layers are placed with a thickness of 20 to 25 cm and the material will remain hot and viscous inside the core for a considerable time even if the outer parts of the core have cooled down. When a new asphalt concrete layer is placed on top of the previous one (minimum temperature required for that layer before placing the new one), the contained heat will warm up the top of the previous layer sufficiently and the two layers will melt together without any detectable joint. A tack-coat between the layers is therefore not required, unless in very special cases. Asphalt concrete core paving is thus very different from ordinary road paving.

All modern core paving machines are today equipped with an infrared heater in front of the machine. The main purpose of this is to evaporate potential moisture on the previously placed layer, secondary is also to warm the top of the underlying layer. Potential moisture will increase the volume tremendously when it turns to vapor and in order to ensure a good bond between the layers it is important to prevent moisture becoming interlocked between the layers. The filter zones placed on both sides of the asphalt concrete core will provide lateral, horizontal support on the core when compacted. This will give the asphalt concrete core a slight concave surface which is very beneficial during rainy conditions during which water could flow to the filter zones. In special cases, it can also be recommended to remove debris and rainwater from the previous layer with compressed air in front of the core paving machine or with a mechanical brush.

Ces techniques et ce matériel favorisent considérablement la construction d'un BRNBB dans des conditions climatiques froides et humides. Le matériau de béton bitumineux peut être produit dans la centrale d'enrobage même à des températures inférieures au point de congélation, pourvu que les granulats puissent être travaillés. La saison de construction peut donc être plus longue que celle des autres types de barrages.

Fig. 3.2
Barrage Knezovo, République de Macédoine du Nord, décembre 2009

Généralement, on arrête le travail de béton bitumineux sur le barrage pendant l'hiver en raison d'autres restrictions que cette saison impose à la construction, comme le gel des matériaux de remplissage et des tuyaux utilisés pour l'arrosage, la neige, etc.

Pour le placement manuel requis vers les appuis et les premières couches au-dessus du socle, un chauffage prudent avec des brûleurs au propane est requis afin de ne pas brûler ou oxyder la surface du béton bitumineux. La mise en place manuelle et le compactage du béton bitumineux doivent être effectués rapidement sans arrêt lorsque les conditions sont froides ou mouillées.

Lorsque le temps est chaud et ensoleillé, la mise en place du noyau de béton bitumineux est très simple et les propriétés du matériau peuvent être modifiées en changeant la teneur en bitume et le type (voir le chapitre 4.3.3 Bitume). Une attention particulière pourrait être requise si les couches sous-jacentes mises en place pendant les jours précédents ne sont pas suffisamment stables.

Dans un climat chaud, le carottage pour les mesures de la teneur en vides peut prendre plusieurs jours, car le béton bitumineux a besoin de plus de temps pour refroidir. Des mesures spéciales peuvent être prises pour réduire le temps d'attente avant le carottage (voir le chapitre 5.3.4 Laboratoire sur le chantier).

These techniques and equipment make ACED construction very favorable in cold and wet climatic conditions. The asphalt concrete material can be produced at the asphalt mixing plant even in sub-zero temperatures as long as the aggregates are in workable conditions. The construction season can therefore be extended compared to other dam types.

Fig. 3.2
Knezovo dam, Macedonia, December 2009

The asphalt concrete work on the dam is normally stopped for winter because of other construction limitations such as frozen fill materials and pipes, for water sluicing, snow etc.

For the required hand placement towards the abutments and the first layers above the concrete plinth, careful heating with propane burners is required in order not to burn or oxidize the asphalt concrete surface. Hand placement of the asphalt concrete material and compaction has to be performed in quick succession under cold or wet environment conditions.

In hot and sunny environment, asphalt concrete core placement is very straight forward, and the material properties can be modified by changing the bitumen content and type (See Chapter 4.3.3 Bitumen). Special attention may be required if the underlying layers placed pervious days are not sufficiently stable.

Core drilling for void content measurements in hot climate can take many days as the asphalt concrete needs longer time cooling down. Special measures can be taken to reduce the waiting time before coring (see Chapter 5.3.4 Site laboratory).

Dans un climat froid et à haute altitude, la saison de construction peut être courte, et il est essentiel d'utiliser chaque jour de travail. Souvent, de tels endroits reçoivent également beaucoup de précipitations. Les problèmes de construction relatifs aux noyaux en argile ou en moraine à de tels endroits sont bien connus : il faut souvent attendre que l'argile ou la moraine mise en place atteigne la teneur optimale en eau requise. Un BRNBB est relativement indépendant de la météo. Il est possible que les travaux doivent être interrompus temporairement lors de fortes pluies, mais ils peuvent reprendre dès que le temps s'améliore.

Lorsque de l'argile ou de la moraine est disponible, les estimations initiales de coût favorisent souvent une conception à noyau d'argile, mais ces calculs tiennent rarement compte du temps d'arrêt en raison des conditions météorologiques. Avec une conception de BRNBB, le temps d'arrêt et le temps de construction peuvent être réduits, et les coûts de construction totaux du BRNBB seront favorables.

Fig. 3.3
Barrage Murwani, Arabie saoudite, conditions climatiques très chaudes

3.5. DIGUES À STÉRILES ET DÉCHARGES

Les éléments d'étanchéisation en béton bitumineux sont bien adaptés aux digues à stériles et aux décharges. Les dommages causés par les produits chimiques ne sont possibles que si les stériles comprennent des solvants à concentrations très élevées. Le bitume n'est affecté que par quelques produits chimiques, principalement des acides à températures élevées et à des concentrations beaucoup très élevées. Toutefois, dans des décharges qui contiennent des déchets industriels liquides, la température et la concentration des composants chimiques doivent être prises en considération et des essais spécifiques devraient également être envisagés.

Une eau agressive qui endommagerait le béton de ciment pourrait avoir un effet sur certains types de granulats comme le calcaire, mais elle n'a en général aucun effet sur le bitume.

In cold climate and at high altitude the construction season can be short, and it is essential to utilize every working day of the short construction season. Such locations have frequently also high precipitation. The construction problems with clay or moraine cores in such locations are well known with frequent waiting for the clay or moraine placing to obtain the required optimum water content. An ACED is fairly independent from the weather. Work may need to stop temporarily during heavy rain but can restart as soon as the weather improves.

Where clay or moraine material is available, initial cost estimates are frequently in favor of a clay core design, but such calculation seldom takes into account the standstill time due to weather conditions. With an ACED design, standstill time and construction time can be reduced and the total construction costs for the ACED will be favorable.

Fig. 3.3
Murwani Dam, Saudi Arabia, very hot climate conditions

3.5.   TAILING DAMS AND WASTE DISPOSALS

Asphalt concrete sealing elements are well suited for tailing dams and waste disposals. Damages by chemicals can only occur if the tailings include solvents in higher concentrations. Bitumen is affected only by a few chemicals, mostly acids at higher temperatures and significantly higher concentrations. However, in disposals with industrial waste fluids, temperature and concentration of the chemical components have to be taken into account and specific trials should be considered too.

Aggressive water that would damage cement concrete may have an effect on some type of aggregates like limestone, but they have in general no effect on the bitumen.

La plupart des décharges ont été étanchéisées avec des parements en béton bitumineux imperméable mis en place en deux ou trois couches par des machines spéciales.

Dans une carrière déjà creusée et existante, où la topographie et le terrain naturel le permettent, une conception à noyau de béton bitumineux peut également être envisagée. La construction de l'élément d'étanchéisation sera essentiellement la même que pour les barrages décrits dans le présent Bulletin, mais le talus vers le dépôt pourrait être plus abrupt, jusqu'à un rapport de 1,3 vertical à 1 horizontal.

Un noyau de béton bitumineux pour les digues à stériles peut également être conçu et construit de la façon décrite dans le présent Bulletin, mais les talus du remblai doivent être conçus en fonction du type et de la stabilité des stériles spécifiques qui seront déposés.

3.6. ASPECTS ENVIRONNEMENTAUX

Les barrages à noyau de béton bitumineux s'avèrent une solution environnementale attrayante.

Le béton bitumineux ne contient aucun produit chimique qui se dissoudra ou fuira dans l'environnement. Par conséquent, beaucoup de BRNBB sont construits pour servir de réservoirs d'irrigation ou d'eau potable.

Dans le cas des barrages en remblai en terre, la disponibilité, la valeur et l'aspect environnemental des emprunts d'argile deviennent de plus en plus des sources de préoccupation. De plus, le transport en camion entre les emprunts d'argile et le chantier peut également présenter un problème environnemental. Cela n'est pas un problème avec les BRNBB, et les matériaux de remblai du barrage peuvent être pris dans la zone intérieure du réservoir, qui sera donc invisible après la construction et la mise en eau.

Dans les régions montagneuses, un barrage en enrochement peut être conçu afin de s'adapter naturellement. Et dans les régions urbaines, ou agricoles, le barrage en remblai peut être construit avec de la terre sur le talus aval, sur laquelle de l'herbe ou d'autres formes de végétation peuvent être plantées, comme sur le barrage d'eau potable de Queens Valley à Jersey, en Angleterre.

Many waste disposals have been sealed with impervious asphalt concrete facings placed with special machines in two to three layers.

In an already excavated and existing quarry, where the topography and natural terrain exists, an asphalt concrete core design can also be considered. The construction of the sealing element will be more or less the same as for dams described in this Bulletin, but the slope towards the deposit could be built steeper up to 1.3 vertical to 1 horizontal.

An asphalt concrete core for tailing dams can also be designed and built as described in this Bulletin, but the embankment slopes must be designed for the type and stability of the specific tailing that shall be deposited.

3.6.   ENVIRONMENTAL ASPECTS

Asphalt concrete core dams are an attractive environmental solution.

The asphalt concrete contains no chemical material that will be dissolved or leaked to the environment. A great number of ACEDs are accordingly built for irrigation or drinking water reservoirs.

For earth fill embankment dams the availability, value and environmental aspect of clay borrow pits have increasingly become a matter of concern. In addition, truck transports from the clay borrow pits to the site can also be an environmental issue. This is not an issue with an ACED and the embankment fill for the dam can be taken from the area within the reservoir and as such not visible after the construction and impounding.

In mountainous areas a rock-fill dam can be designed to fit in naturally. And in urban or agricultural surrounding the embankment dam can be built with earth material on the downstream slope that can be sowed with grass or planted as on the Queens Valley dam for drinking water in Jersey, England.

4.   PRINCIPES ET EXIGENCES DE CONCEPTION

4.1.   REMARQUES PRÉLIMINAIRES – HISTORIQUE

Les noyaux de béton bitumineux sont particulièrement utilisés comme noyaux imperméables dans des barrages en remblai. Ils sont principalement conçus dans les régions où des matériaux naturellement imperméables de bonne qualité ne sont pas disponibles en quantité suffisante. Toutefois, ces noyaux sont maintenant reconnus comme étant une solution de rechange économique en raison du taux rapide d'avancement, même dans certaines régions où des matériaux imperméables naturels sont disponibles.

Les noyaux de béton bitumineux ont été construits selon différentes méthodes.

Une méthode de construction appelée méthode pierre-bitume, a été utilisée dans certains pays avant 1984 (mélange in situ). Un coffrage en tôle a été utilisé le long des côtés du noyau, construit en couches horizontales successives d'une épaisseur de 0,2 à 0,3 mètre. Le coffrage a été rempli avec de la pierre propre et sèche avant que le bitume chaud soit pompé à partir d'un réservoir chauffé. La teneur en bitume se situe entre 30 et 40% en poids. Cette méthode ne doit pas être considérée comme un noyau de béton bitumineux et elle ne sera pas abordée dans le présent Bulletin.

Une technique différente a été utilisée en Russie pour des grands barrages en remblai d'une hauteur pouvant atteindre 140 mètres. Le mélange de béton bitumineux produit dans une centrale d'enrobage est fabriqué avec des granulats plus grossiers, a une teneur en béton bitumineux de 10 à 12%, et est coulé entre des banches en acier d'une hauteur d'un mètre posées sur la couche précédente. Ces banches sont retirées dès que le béton bitumineux a suffisamment refroidi et les filtres sont alors mis en place de chaque côté du noyau. Le béton bitumineux est sursaturé de bitume et est appelé béton bitumineux « fluide ». Cette technique est relativement semblable à la méthode de mise en place mécanique du noyau de béton bitumineux décrite dans le présent Bulletin, mais le sujet n'est pas approfondi davantage dans le présent document. Un rapport sur la construction du noyau de béton bitumineux du barrage Bouguchanskaya est joint en annexe C, Barrage Bouguchanskaya, Russie.

Le premier barrage à noyau de béton bitumineux dense compacté mécaniquement a été construit en Allemagne en 1962. Depuis, plus de 185 noyaux en béton bitumineux, compactés en couches de 20 à 25 centimètres, ont été construits. Cette procédure ne nécessite pas l'utilisation de banches, sauf pour les premières couches sur le dessus du socle et à l'élargissement des appuis, et la teneur en bitume est considérablement moins élevée que pour les deux méthodes décrites ci-dessus, soit généralement autour de 6,5 à 7,5% en poids total. De plus, cette technique s'avère la meilleure assurance de la qualité et le meilleur contrôle du noyau de béton bitumineux, et elle est actuellement la technologie la plus courante.

Les principes de conception décrits ci-dessous s'appliquent aux noyaux de béton bitumineux installés conformément à une méthode de construction qui respecte les règles de l'art actuelles et ces méthodes sont décrites de façon plus détaillée dans les chapitres suivants. Le noyau de béton bitumineux est construit à des niveaux relativement simultanés avec le remblai du barrage.

4.   DESIGN PRINCIPLES AND REQUIREMENTS

4.1.   PRELIMINARY REMARKS – HISTORY

Asphalt concrete cores are especially used as impervious cores in embankment dams. They are mainly designed in areas where natural impermeable materials of sufficient good quality or quantity are not available but have now also proved to be an economical alternative due to the fast rate of progress, even in some locations where natural impermeable material are available.

Asphalt concrete cores have been built by different methods.

A construction procedure which has been applied on some dams in some countries in the period before 1984 is the stone-bitumen-method (in situ mix). Metal sheet shuttering was used along the sides of the core wall, which was built in consecutive horizontal layers 0.2-0.3 m thick. The form was first filled with clean and dry-stone material before hot bitumen was pumped in from a heated tank. The bitumen content is 30–40% by weight. This method should not be considered as an asphalt concrete core and is not discussed further in this Bulletin.

A different technique has been used in Russia for large embankment dams up to 140 m high. The asphalt concrete mix produced in an asphalt mixing plant is made of coarser aggregates, has bitumen content 10–12% and is poured between 1 m high steel shutters positioned on top of the previous layer. These shutters are removed as soon as the asphalt concrete has cooled down sufficiently and the filter zones are then placed on each side of the core. The asphalt concrete is supersaturated with bitumen and is termed "flowing" asphalt concrete. This technique is fairly similar to the machinery placed asphalt concrete discussed in this Bulletin, but not discussed here further. A report about asphalt concrete core construction at the Bouguchanskaya dam is attached in Appendix C, Bouguchanskaya Dam, Russia.

The first embankment dam with a machine-compacted dense asphalt concrete core was built in Germany in 1962. Since then, more than 185 asphalt concrete cores, compacted in 20–25 cm layers, have been built. This procedure does not require the use of shutters, except for the first layers on top of the plinth and at the widening in the abutments, and the bitumen content is considerably lower than in the two methods described above, usually in the vicinity of 6.5 to 7.5% by total weight. Furthermore, this technique allows the best quality assurance and control of the asphalt concrete core and is at present the most common technology.

The design principles described in the following apply to asphalt concrete cores which are installed in accordance with a construction method complying with the current state-of-the-art and these methods are described in greater detail in the following chapters. The asphalt concrete core is constructed at fairly simultaneous levels with the dam fill.

4.2. PRINCIPES DE CONCEPTION

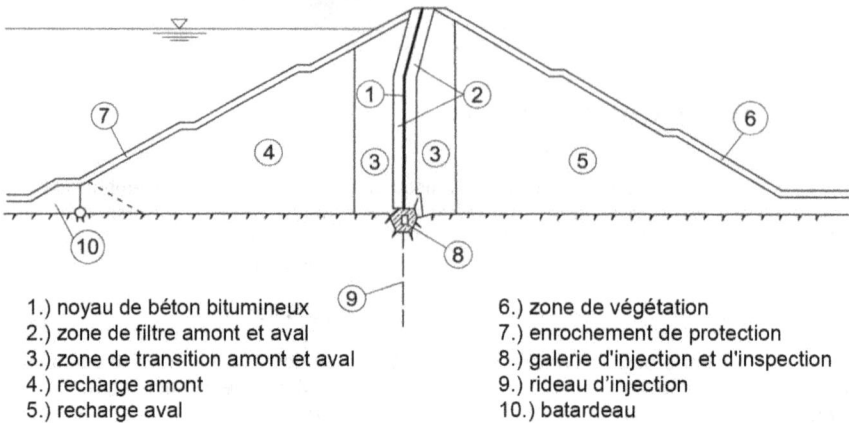

1.) noyau de béton bitumineux
2.) zone de filtre amont et aval
3.) zone de transition amont et aval
4.) recharge amont
5.) recharge aval

6.) zone de végétation
7.) enrochement de protection
8.) galerie d'injection et d'inspection
9.) rideau d'injection
10.) batardeau

Fig. 4.1
Disposition générale et définition du zonage pour les barrages en béton bitumineux

4.2.1. Caractéristiques générales de conception spécifiques des barrages en remblai à noyau de béton bitumineux

Le mince noyau de béton bitumineux doit s'adapter aux déformations du remblai et aux déplacements différentiels des fondations du barrage. Le déplacement s'accumule pendant la construction du remblai, le remplissage du réservoir, la consolidation et le fluage des matériaux avec le temps, les fluctuations du niveau du réservoir et les séismes. La fonction essentielle du noyau consiste à rester imperméable, sans augmentation importante de la perméabilité attribuable à la dilatation de cisaillement ou aux fissures. De plus, en cas de fissure, la conception du mélange de béton bitumineux doit être telle que le fluage visqueux et l'écoulement plastique combleront progressivement ces fissures (capacité de cicatrisation).

Dans le cas d'un barrage construit sur le substratum rocheux, la clé permettant de limiter la déformation du remblai se situe dans les propriétés des matériaux et dans le compactage des zones de transition et des recharges. Si le remblai est construit sur des morts-terrains compressibles, il est probable qu'il y aura des déformations différentielles attribuables au tassement inégal sous le remblai, le long de la vallée et en travers de celle-ci. Certains BRNBB ont été construits sur des terrains très difficiles en termes de fondations (voir l'annexe B, Barrage Yele, Chine).

La comparaison et l'évaluation des mesures prises sur le terrain pour des barrages existants, combinées avec des analyses par éléments finis, constituent le meilleur moyen de prédire les déformations et les distorsions dans les nouvelles structures. Les plages probables des paramètres importants devraient être incluses dans les analyses afin d'étudier la sensibilité des prédictions numériques aux incertitudes des propriétés des fondations du remblai.

Les niveaux de contraintes et de déformations dans le noyau de béton bitumineux, estimés par les analyses par éléments finis, sont également utilisés lors de la modélisation en laboratoire de la réaction du béton bitumineux. Les échantillons de laboratoire sont soumis à des conditions correspondant approximativement à celles qui existeront sur le terrain, et la réaction est étudiée par rapport au degré de dilatance et d'augmentation de la perméabilité, de ductilité et de résistance aux fissures, de rigidité, de résistance et de capacité de cicatrisation.

Les propriétés du béton bitumineux peuvent, dans des limites relativement larges, être adaptées aux exigences spécifiques de la conception.

4.2.   DESIGN PRINCIPLES

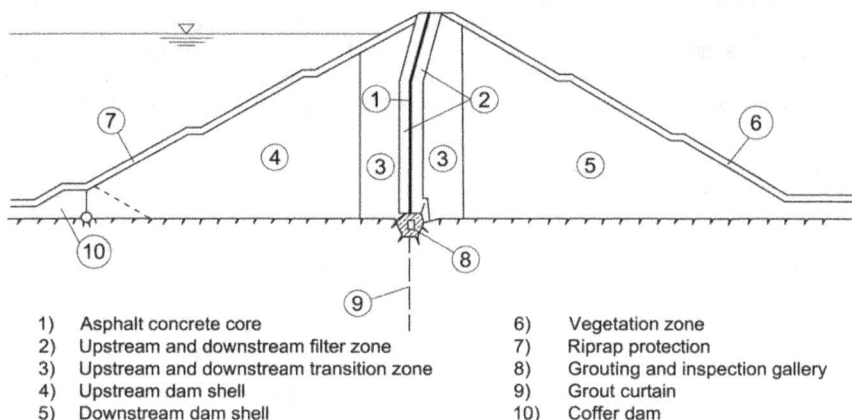

1)   Asphalt concrete core
2)   Upstream and downstream filter zone
3)   Upstream and downstream transition zone
4)   Upstream dam shell
5)   Downstream dam shell

6)   Vegetation zone
7)   Riprap protection
8)   Grouting and inspection gallery
9)   Grout curtain
10)   Coffer dam

Fig. 4.1
General layout and definition of zoning for AC dams

4.2.1.   General design features for asphalt concrete core embankment dams

The thin asphalt concrete core has to adjust to the deformations in the embankment and to differential displacements in the dam foundation. Displacement accumulates during embankment construction, filling of the reservoir, time dependent consolidation and creep, fluctuations in reservoir level and earthquake actions. The essential function of the core is to remain impervious without any significant increase in permeability due to shear dilatation or cracking. Furthermore, should a crack occur, the asphalt concrete mix design should be such that viscous creep and plastic flow will gradually close these cracks (self-healing ability).

For a dam founded on bedrock the key to limiting the embankment deformation lies in the material properties and in the compaction of the transition zones and supporting shells. If the embankment is founded on compressible soil overburden, differential distortions due to unequal settlements under the embankment are likely to occur both across and along the valley. Some ACEDs have now been built on very challenging foundation conditions (see Appendix B, Yele Dam, China).

Comparison with and evaluation of field measurements from existing dams combined with finite element analyses, is the best way to predict deformations and distortions in new structures. The probable ranges for important parameters should be included in the analyses to study the sensitivity of numerical predictions to uncertainties in the embankment foundation properties.

The stress and strain levels in the asphalt concrete core based on finite element analyses are also used when modeling the behavior of the asphalt concrete in the laboratory. The laboratory specimens are subject to conditions approximating those that will exist in the field, and the behavior is studied with respect to degree of dilatancy and increase in permeability, ductility and cracking resistance, stiffness, strength and self-healing ability.

The properties of the asphalt concrete can, within fairly wide limits, be tailored to satisfy the specific design requirements.

Le compactage des filtres et du noyau de béton bitumineux chaud entraîne une bonne imbrication des deux éléments de construction. Dans le cas des barrages d'une hauteur inférieure à 100 mètres, le noyau de béton bitumineux peut se déformer en coordination avec les filtres des barrages. Pour ceux ayant une hauteur supérieure à 100 mètres, le noyau pourrait se tasser avec une différence de quelques centimètres, en raison d'une densité unitaire plus élevée et d'un module de déformation moins élevé que les zones adjacentes. Toutefois, les essais en laboratoire de modèles documentés ont démontré qu'une telle déformation différentielle entre le noyau et les zones de transition n'avait aucun effet nuisible sur l'imperméabilité du noyau de béton bitumineux.

4.2.2. Recharges

Pour un barrage en remblai construit sur des fondations rigides, la zone de transition et le matériau des recharges, le degré de compactage et d'uniformité, ainsi que l'inclinaison des talus, déterminent les déformations imposées au noyau de béton bitumineux mince. Pour les barrages construits sur des fondations compressibles, des déplacements et des mouvements différentiels supplémentaires sont imposés; ils doivent être estimés et pris en considération.

Il est recommandé de mettre en place une zone particulièrement bien compactée de chaque côté des filtres. L'arrosage, en plus du compactage avec vibration de couches d'épaisseur moyenne, peut être ajouté. Un banc d'essai de la mise en place et du compactage est recommandé.

Pour un remblai bien compacté constitué d'un bon enrochement reposant sur le substratum rocheux, les talus du barrage peuvent être aussi abrupts que 1:1,3 à 1:1,4, comme le démontrent par exemple le barrage Finstertal, en Autriche (voir l'annexe B) et le barrage Storvatn, en Norvège. Même ainsi, les déplacements maximaux mesurés à l'intérieur de ces deux barrages d'une hauteur d'environ 100 mètres sont très faibles (de l'ordre de 0,5 mètre) et les déformations dans le noyau sont considérablement inférieures aux niveaux permis. Les mesures correspondent plutôt bien aux déformations calculées selon les analyses typiques par éléments finis.

En général, les talus du remblai d'un BRNBB peuvent être légèrement plus raides que ceux d'un barrage en terre avec noyau central, lorsque l'enrochement remplace la plus grande partie du remplissage en terre plus meuble.

Des études de cas ont démontré qu'il était possible de construire avec succès des BRNBB en utilisant un enrochement de qualité très inférieure à celui utilisé dans des barrages antérieurs de ce type (annexe B, Barrage Feistritzbach, Autriche, et barrage Storglomvatn, Norvège). Des BRNBB ont également été construits à des endroits où un enrochement n'était pas disponible et d'autres matériaux ont dû être utilisés.

Afin d'offrir une mesure d'ajustement quant aux distorsions potentiellement importantes du noyau pour une situation donnée, le concepteur peut décider d'utiliser un mélange de béton bitumineux particulièrement mou, sursaturé avec une forte teneur en bitume (voir l'annexe B, Barrage Eberlaste, Autriche). Dans un tel cas, la résistance au cisaillement du béton bitumineux sera peu élevée. Cela doit être pris en considération lors de l'analyse de la stabilité des pentes des épaulements, particulièrement si les fondations du remblai sont construites sur des fondations compressibles (morts-terrains) qui pourraient développer une pression interstitielle plus élevée, une réduction des contraintes effectives et une perte de résistance pendant des secousses sismiques possibles.

4.2.3. Dimension et position des noyaux de béton bitumineux, des filtres et des matériaux des filtres

Lors de la détermination de la largeur du noyau de béton bitumineux, la hauteur du barrage, les conditions géologiques des fondations du barrage et la sismicité du site du barrage doivent être prises en considération.

The compaction of the filter zones and the hot asphalt concrete core result in a good interlocking of both construction elements. The asphalt concrete core can deform co-coordinately with the filter zones for the dams with a dam height of less than 100 m. For dams with a height of more than 100 m, the core may settle differentially by a few centimeters due to a higher unit density and lower deformation modulus of the adjacent zones. However, laboratory model tests have documented that such a differential deformation between the core and the transition zones has no detrimental effects on impermeability of the asphalt concrete core.

4.2.2. Supporting shell

For an embankment dam on a stiff foundation, the transition zone and supporting shell material, the degree of compaction and uniformity as well as the steepness of the slopes govern the deformations imposed on the thin asphalt concrete core. For dams on compressible foundations additional displacements and differential movement are imposed and must be estimated and accounted for.

It is recommended to place an especially well compacted zone on either side of filter zones. Water sluicing, in addition to vibratory compaction of layers with moderate thickness may be added. A trial field for the placing and compaction is recommended.

For a well compacted embankment of good rockfill resting on bedrock, the dam slopes may be as steep as 1:1.3 to 1:1.4 as demonstrated by for instance the Finstertal Dam, Austria (see Appendix B) and Storvatn Dam, Norway. Even so, the measured maximum displacements inside these two approximately 100 m high dams are very small (of the order 0.5 m) and the strains in the core far below allowable levels. The measurements agree quite well with the deformations computed by corresponding idealized finite element analyses.

In general, the embankment slopes for an ACED can be slightly steepened compared with a central earth fill dam with rock replacing most of the softer earth fill.

Case studies have demonstrated that ACEDs may successfully be constructed with much lower quality rockfill than used in previous dams of this type (Appendix B, Feistritzbach Dam, Austria and Storglomvatn Dam, Norway). ACEDs have also been built where rockfill is not available, and other materials have been used.

To accommodate potentially large core distortions for a given situation the designer may decide to use a particularly soft asphalt concrete mix, supersaturated with a high bitumen content (see Appendix B, Eberlaste Dam, Austria). The shear resistance of the asphalt concrete material will then be low. This must be considered when analyzing the stability of the slopes of the supporting shells, especially if the embankment is founded on a soil foundation (overburden) which may develop higher pore pressures, reduced effective stresses and strength during potential earthquake shaking.

4.2.3. Dimension and position of asphalt concrete cores, filter zones and filter zones materials

When determining the width of the asphalt concrete core the dam height, the dam geological foundation conditions and the seismicity at the dam site must be considered.

Dans de bonnes conditions normales, la largeur du noyau de béton bitumineux (en cm) devrait être au moins 0,7 fois la charge hydraulique (en m) avec une largeur minimale de 50 cm. Toutefois, l'Autorité de réglementation norvégienne (NVE) a adopté une valeur plus conservatrice : largeur du noyau = 0,50 + [(0,7/100) × (H-50)]. La largeur minimale est 50 cm. Toutes les dimensions sont en mètres.

Jusqu'à la fin du siècle dernier, des critères de conception beaucoup plus conservateurs ont été utilisés, à savoir 1/10 de la hauteur du barrage.

Aux appuis et pour la connexion avec le socle en béton, la largeur du noyau devrait être doublée. Seuls des cas très rares ont un noyau plus mince, d'environ 40 cm.

Les filtres adjacents au noyau sont installés en même temps que le noyau de béton bitumineux afin de lui procurer un support latéral. Ils doivent être stables pour soutenir l'épandeuse et ils jouent un rôle important dans la déformation du noyau de béton bitumineux.

En général, le noyau devrait être centré dans le barrage. Toutefois, lorsqu'un parapet est installé sur la crête du barrage, l'axe vertical du noyau peut être situé un peu en amont de l'axe du barrage afin de relier le noyau au mur de batillage et augmenter le profil en travers du barrage.

En général, le noyau de béton bitumineux est construit verticalement, du bas du barrage vers la crête. Un noyau complètement ou partiellement incliné a l'avantage de fournir une contrainte de confinement supplémentaire favorable. Toutefois, un noyau vertical est assujetti à des contraintes de cisaillement moins élevées. Dans le cas peu probable où des fissures se produisent et des réparations sont requises, l'injection de coulis peut être effectuée plus facilement avec un noyau vertical. Il est alors possible de percer des trous de forage dans le filtre amont et d'injecter du coulis pour sceller la fuite une fois repérée.

Toutefois, sur des barrages de très grande hauteur, la partie supérieure du noyau peut être considérée comme étant légèrement inclinée vers le côté en aval afin de réduire le risque que le remblai amont se détache du noyau dans la zone de la crête. Il sera également utile d'avoir suffisamment d'espace pour installer le riprap et les zones sous-jacentes requises.

Les filtres installés sur le côté amont et le côté aval du noyau de béton bitumineux et des recharges porteuses fournissent un support latéral immédiat au noyau de béton bitumineux et à l'épandeuse pendant la construction. Les filtres devraient être composés de granulats ou de graviers naturels broyés stables et bien calibrés, avec une taille maximale d'environ 63 mm. Les expériences ont démontré qu'une proportion importante de particules broyées ou anguleuses est nécessaire pour assurer le bon support latéral du noyau. La granulométrie devrait préférablement respecter les critères suivants : $d_{50} \geq 10$ mm et $d_{15} \leq 10$ mm, et la teneur totale en fines (0 à 0,063 mm ou 0,074 mm) ne devra pas dépasser 5% du poids total. La différence dans la taille des particules entre les granulats dans le noyau de béton bitumineux, les filtres et les recharges adjacentes ne devrait pas être trop importante. Les lignes directrices sont fournies dans le Bulletin 84 de l'ICOLD (1992) :

$$d_{100} \text{ noyau} \geq d_{10} \text{ trans. et } d_{100} \text{ trans} \geq \tfrac{1}{4} d_{100} \text{ recharge}$$

Les exigences de la courbe granulométrique des filtres dans un BRNBB sont relativement souples comparativement à celles d'autres barrages en remblai.

Un filtre produit à partir de granulats concassés procure généralement un support plus stable au noyau de béton bitumineux et à l'épandeuse que le gravier naturel. Cette solution est préférable. Le matériau des filtres peut être humecté pour faciliter le compactage. Si une proportion importante de gravier arrondi est utilisé pour les filtres, des contraintes horizontales élevées seront également imposées au noyau de béton bitumineux. Cela peut créer un risque de réduction de la largeur du noyau.

Under normal and good conditions, the asphalt concrete core width (cm) should be at least 0.7 x hydraulic head (m) with a minimum width of 50 cm. However, the Norwegian Regulatory Authority (NVE) has adapted a more conservative value: core width = 0.50 + [(0.7/100) x (H-50)]. The minimum width is 50 cm. All dimensions are in m.

Up to the end of the last century much more conservative design criteria have been used with 1/10 of the dam height.

Towards the abutments and for the connection to the concrete plinth the core should be increased to double core width. Only very few cases have a thinner core with approximately 40 cm.

The filter zones adjacent to the core are placed simultaneously with the asphalt concrete core and give this required lateral support. They must be stable to support the core paving machine and they play an important role for the deformation of the asphalt concrete core.

In general, the core should be placed centrally in the dam. However, when a parapet wall is installed on the dam crest, the vertical axis of the core can be located somewhat upstream of the dam axis in order to connect the core with the wave wall and to increase the cross section of the dam.

The asphalt concrete core is generally built vertically from the bottom to the dam crest. A completely inclined or partly inclined core has the advantage of providing a favorable and additional confining stress. However, a vertical core is subjected to smaller shear stresses. In the unlikely event that cracks should occur, and repair work is required, the repair grouting can be performed more easily with a vertical core. Boreholes may then be drilled in the upstream filter zone and grout injected to seal the leakage once this is located.

However, on very high dams, the upper part of the core can be considered to be slightly inclined towards the downstream side in order to reduce the danger that the upstream embankment detaches from the core in the crest area. It will also help to have enough space to place the riprap and the underneath required zones.

The filter zones placed on the adjacent upstream and downstream sides of the asphalt concrete core and the supporting shells provide an immediate lateral support to the asphalt concrete core and for the core paving machine during the construction. The filter zones should consist of stable and well graded crushed aggregates or natural gravels with maximum grain size of approx. 63 mm. Experiences have shown that an important proportion of crushed or angular particles is needed to assure a good lateral support to the core. The grading should preferably comply with $d_{50} \geq 10$ mm and $d_{15} \leq 10$ mm and the total fines (0-0.063 mm or 0.074 mm) content shall not exceed 5% of total weight. The difference in grain size between aggregates in the asphalt concrete core, the filter zone and adjacent supporting shell should not be too large. The following guideline is given in the ICOLD Bulletin 84 (1992):

$$d_{100} \text{ core} \geq d_{10} \text{ trans. and } d_{100} \text{ trans} \geq \tfrac{1}{4} d_{100} \text{ shell}$$

The grading curve requirements for the filter zones in an ACED are fairly relaxed compared to the filter requirements of other embankment dams.

Filter zone produced from crushed aggregates gives usually more stable support to the asphalt concrete core and the core placing machine than natural gravel and is preferable. The filter material can be wetted in order to ease the compaction. If a significant portion of rounded gravel is used for the filter zones, a high horizontal stress will also be imposed on the asphalt concrete core. This can create a risk of reducing the core width.

Autrefois, on demandait souvent d'utiliser une zone de transition plus fine sur le côté amont et un matériau perméable plus grossier aval. Le raisonnement était le suivant : si un défaut est présent ou si une fissure s'ouvre dans le noyau, le transport de particules fines dans le défaut réduira la fuite jusqu'à ce que l'écoulement visqueux et plastique de l'asphalte apporte une cicatrisation. On peut soutenir que la migration de particules fines dans une fissure nuira à la cicatrisation et causera des problèmes à long terme (voir le chapitre 4.3.1, Exigences générales, Cicatrisation). Pour cette raison et étant donné l'excellente expérience avec les BRNBB, il est aujourd'hui généralement accepté que le même matériau peut être utilisé pour le filtre amont et le filtre aval du noyau de béton bitumineux. Le taux de fuite au travers du noyau dépendra alors de la largeur de la zone cisaillée, de sa profondeur sous le niveau du réservoir, et de la perméabilité des filtres ou des zones de transition adjacentes au noyau. Pour un événement aussi extrême, il serait utile d'avoir ajouté du matériau fin aux filtres pour réduire le taux de fuite jusqu'à ce que le niveau du réservoir puisse être abaissé et les réparations effectuées.

La plupart des épandeuses standard ont une largeur totale de 3,5 mètres, mais cette largeur peut être augmentée à l'intérieur de limites pratiques. La largeur totale inclut les deux filtres de chaque côté du noyau et le noyau de béton bitumineux. Le filtre d'un barrage d'une hauteur maximale de 100 mètres doit avoir une largeur de 1,3 à 2,0 mètres. Pour les BRNBB d'une hauteur supérieure à 150 mètres ou situés dans des zones sismiques, des filtres plus larges pourraient être requis. Dans de tels cas, et pour des raisons pratiques, les filtres seront mis en place partiellement par l'épandeuse, et la partie extérieure sera mise en place par du matériel ordinaire.

Le compactage intensif des filtres et du noyau de béton asphaltique chaud et visqueux entraîne une bonne imbrication des deux éléments de construction. Par conséquent, le noyau de béton asphaltique ne peut pas se déformer différemment des filtres et des zones de transition.

Fig. 4.2
Essai au terrain – Excavation d'un noyau de béton bitumineux après le retrait des filtres
(Barrage Nemiscau 1, Canada)

It was previously frequently described to use a finer transition zone on the upstream side and a coarser free draining material on the downstream. The reasoning is that if a defect exists or a crack opens in the core, the transport of fine particles into the defect will reduce the leakage until the viscous, plastic flow of the asphalt material causes self-healing. It can be argued that the migration of fine particles into a potential crack will impair the self-healing and be detrimental in the long run (see chapter 4.3.1, General requirements, Self-healing). Due to this and the excellent experience with ACEDs, it is today generally accepted that the same filter zone material can be used both upstream and downstream of the asphalt concrete core. The leakage rate through the core will then depend on the width of the sheared zone, its depth below reservoir level, and the permeability of the filter/transition zones next to the core. For such an extreme event, it would be beneficial to have added fine-grained material to the filter zones to reduce the leakage rate until the reservoir level can be lowered and repairs executed.

Most standard core paving machines have a total width of 3.5 m, but the total width can be increased within practical limits. The total width includes the two filter zones on each side of the core and the asphalt concrete core. The filter zone of a dam up to 100 m height should have filter zone width of 1.3 to 2.0 m. For ACEDs more than 150 m in height and for dams located in earthquake areas, wider filter zones may be needed. In such cases, the filter zones will for practical reasons partly be placed with the core paving machine and the outer part with ordinary equipment.

The intensive compaction of the filter zones and the hot viscose asphalt concrete core result in a close interlocking of both construction elements. The asphalt concrete core can therefore not deform differentially from the filter and transition zones.

Fig. 4.2
Test field for an asphalt concrete core after removing the filter zone
(Nemiscau 1 dam, Canada)

4.2.4. Contrôle de la percolation

Le contrôle et la mesure de la percolation sont des questions importantes lors de la conception du barrage. Le filtre en aval agit comme cheminée pour le drainage contrôlé de la percolation au travers du noyau. Le contrôle le plus courant de la percolation est un point de mesure central au pied du barrage, mais un tel système inclura également l'eau pouvant provenir des côtés de la vallée et la percolation possible au travers des fondations.

Dans un système plus avancé, la percolation qui traverse le noyau et qui pénètre dans le filtre en aval est recueillie au niveau du socle en béton ou dans une galerie. Un petit mur longitudinal en béton bitumineux ou en béton, construit sur le dessus du socle en béton ou de la galerie, peut mener la percolation vers la galerie. La percolation peut être drainée dans une galerie au moyen de tuyaux. Sur les barrages plus longs, le mur collecteur peut être divisé en sections afin de localiser la percolation dans une partie plus spécifique du barrage.

4.2.5. Exigences relatives au socle en béton et galerie

Le socle en béton d'un BRNBB est de conception et de construction plutôt simple, et il est principalement conçu au centre du barrage. Pour cette raison, le socle est plus court que celui de barrages avec parement amont en béton. Le but premier du socle est de servir de capuchon à l'injection de collage et au voile d'étanchéité sous le noyau. Le socle en béton devrait être ancré aux fondations rocheuses par des boulons d'ancrage. S'il reste une couche épaisse de mort-terrain dans les fondations et qu'un socle est conçu au-dessus d'une paroi étanche, la structure de connexion entre le noyau de béton bitumineux et l'écran parafouille doit être soigneusement conçue afin d'assurer sa stabilité et son imperméabilité.

Fig. 4.3
Construction du socle en béton (barrage Rennersdorf, Allemagne, 2010)

4.2.4. Seepage control

Seepage control and measurement is an important issue for the dam design. The downstream filter zone works as a chimney drain for the controlled drainage of seepage through the core. The most common seepage control is a central measurement point at the dam toe, but such a system will also include potential water coming from the valley sides and potential seepage through the foundation.

In a more advanced system, the seepage passing the core and penetrating into the downstream filter zone is collected at the concrete plinth or in a gallery. A small longitudinal wall of asphalt concrete or concrete built on top of the concrete plinth, or the gallery can lead the seepage to the gallery. The seepage can be drained with pipes into a gallery. On longer dams the collecting wall can be divided in sections in order to locate the seepage in a more specific part of the dam.

4.2.5. Concrete plinth and gallery requirements

The concrete plinth of an ACED is basically simple in design and construction and is mostly designed in the center of the dam. The plinth is shorter compared with upstream faced dams. The main purpose of the plinth is to serve as a cap for the contact and curtain grouting under the core. The concrete plinth should be anchored into the rock foundation by rock bolts. If a thick layer of overburden remains in the foundation and a plinth is designed on top of the diaphragm wall, the connecting structure between the asphalt concrete core and the cut-off wall must be carefully designed to ensure the stability and imperviousness of the structure.

Fig. 4.3
Concrete plinth construction (Rennersdorf Dam, Germany, 2010)

Le socle ou la galerie au niveau des appuis, en relation avec le noyau de béton bitumineux, devrait généralement être conçu afin qu'aucune terrasse (marche) n'ait une inclinaison supérieure à 45°. Si l'inclinaison des appuis est supérieure à environ 60°, la surface du socle ou de la galerie devrait être inclinée vers l'amont pour obtenir une contrainte plus élevée induite par la pression de l'eau entre le noyau et le socle. Les surfaces inclinées (maximum de 10 V pour 1 H) devraient également être conçues pour la connexion entre le noyau de béton bitumineux et l'ouvrage en béton (p. ex., évacuateur de crue ou centrale électrique).

Le socle en béton ou la galerie est généralement construit en blocs de 6 à 10 mètres de longueur, avec des joints waterstop transversaux. Les joints waterstop sont incorporés à l'asphalte et doivent être résistants à la chaleur.

Fig. 4.4
Détail du socle en béton, La Romaine-2, Canada

Une galerie peut être construite sous le noyau de béton bitumineux ou intégrée au barrage, ce qui entraînera une augmentation considérable des coûts. Toutefois, si une galerie s'avérait nécessaire pour des travaux d'injection de coulis plus tard ou de réparation, ou pour permettre le respect du calendrier des travaux en séparant la construction du noyau et l'injection de coulis, l'ajout de cette structure devrait être envisagé.

Les joints des blocs du socle et de la galerie doivent être bien conçus afin de prévenir des fuites ultérieures au travers des joints.

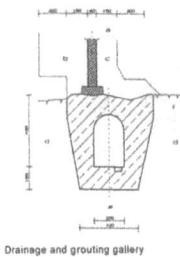

Fig. 4.5
Galerie de drainage et d'injection de coulis, barrage Feistritzbach, Autriche

The plinth or the gallery at the abutments in connection to the asphalt concrete core should generally be designed with no terrace steps being more than 45° in inclination. If the inclination in the abutments is steeper than about 60°, the surface of the plinth or gallery should be inclined towards the upstream to achieve a higher stress induced by the water pressure between the core and plinth. Inclined surfaces (maximum 10 V to 1 H) should also be designed for the connection between the asphalt concrete core and concrete structure (e.g. spillway or powerhouse).

The concrete plinth or gallery is usually built in 6 to 10 m long blocks with transverse water stops. The water stops are embedded in the asphalt material and must be heat resistant.

Fig. 4.4
Plinth detail, La Romaine-2, Canada

A gallery can be constructed below the asphalt concrete core or as part of the dam and will result in a considerable cost increase. However, if a gallery is needed for additional grouting or repair work at a later stage or if a gallery is required to fulfill the construction schedule by separating core construction and grouting, a gallery should be considered.

The block joints in the plinth and the gallery must be properly designed to prevent later leakages through the joints.

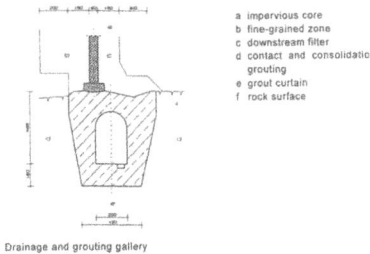

Fig. 4.5
Drainage and grouting gallery, Feistritzbach Dam, Austria

4.2.6. Charge sismique et résistance

Le mince noyau de béton bitumineux doit être capable d'accepter les déformations cycliques et permanentes imposées par le remblai du barrage pendant un séisme, sans fissures ou dégradation excessives des matériaux. Le noyau lui-même a peu d'effet sur le comportement global du remblai. Comme aucun barrage à noyau de béton bitumineux existant n'a encore été exposé à une charge sismique importante, la conception de nouveaux barrages ne peut pas s'appuyer sur des expériences réelles sur le terrain. La conception est fondée sur le comportement sur le terrain d'autres types de barrages en remblai (p. ex., barrages à noyau en terre et à parement en béton) qui ont subi une charge sismique, ainsi que sur les essais en laboratoire d'échantillons de béton bitumineux qui ont subi une charge cyclique et les analyses théoriques et prévisions des déformations cycliques et permanentes du remblai.

Comparativement aux parements amont, la position d'un noyau de béton bitumineux vertical, proche de l'axe central du remblai, est favorable relativement aux déformations statiques imposées au barrage et aux déformations causées par des secousses sismiques importantes.

Les résultats de laboratoire préparés par Wang et Hoeg (2011) et autres démontrent que le noyau de béton bitumineux peut résister à des secousses sismiques importantes, sans dégradation ou fissures importantes des matériaux. La résistance aux séismes du barrage dépend plutôt de la conception et du zonage appropriés du remblai lui-même.

Des analyses numériques dynamiques des barrages en remblai sont effectuées par des logiciels qui peuvent traiter les relations constitutives élasto-plastiques non linéaires pour le matériau du remblai (p. ex., Plaxis, FLAC, SIGMA/W et Abaqus). Les analyses sont utilisées pour prédire la relation tension-allongement dynamique et la réaction au déplacement pendant la charge sismique, ainsi que les déplacements permanents (résiduels) découlant des secousses. Des méthodes linéaires équivalentes ne peuvent pas calculer les déformations permanentes causées par les secousses sismiques.

Les amplifications et accélérations dynamiques les plus importantes se situent vers le sommet du barrage, où le noyau de béton bitumineux pourrait subir des déformations de traction et de cisaillement qui pourraient provoquer des fissures. Les analyses numériques portant sur des BRNBB typiques démontrent que les moments de flexion dans le noyau de béton bitumineux sont plus élevés dans la partie supérieure. Par contre, sous environ le cinquième de la hauteur du barrage en remblai à noyau de béton bitumineux à partir de la crête, le noyau de béton bitumineux ne subit que des compressions. Les tassements et déplacements résiduels du remblai prédits par les analyses numériques devraient être comparés aux déplacements calculés par la méthode Newmark plus simple pour l'estimation des déplacements en cisaillement permanents. Toutefois, la méthode Newmark ne tient compte que des déformations de cisaillement le long de plans de glissement spécifiés, et elle n'inclut pas les déformations plastiques volumétriques qui se produisent dans le matériau du remblai. À l'opposé, les résultats des analyses élasto-plastiques non linéaires plus complètes et complexes sont très sensibles aux hypothèses utilisées dans les relations constitutives des matériaux.

Lorsque les résultats calculés indiquent que la partie supérieure du noyau de béton bitumineux pourrait subir des déformations et des fissures excessives pendant le test Safety Evaluation Earthquake (SEE), des mesures de conception spéciales sont requises pour augmenter la résistance aux séismes du barrage :

- Utiliser de l'enrochement ou du gravier de haute qualité, bien calibré et bien compacté dans la partie supérieure du barrage. Les contraintes réelles sont peu élevées dans la partie supérieure, et pour des contraintes normales peu élevées, des angles de frottement supérieurs à 50° peuvent être obtenus.

- Aplatir les talus extérieurs de la partie supérieure du remblai pour augmenter la stabilité et réduire les déplacements en cisaillement.

4.2.6. Seismic Loading and Resistance

The slender asphalt concrete core has to be able to accommodate the cyclic and permanent strains imposed by the dam embankment during the earthquake without undergoing excessive cracking or material degradation. The core itself has little influence on the overall embankment behavior. As no existing asphalt concrete core dam has yet been exposed to significant earthquake loading, the design of new dams cannot rely on actual field experience. The design is based on the field performance of other types of embankment dams (e.g. earth core and concrete face dams) that have experienced earthquake loading, and on laboratory testing of asphalt concrete specimens subjected to cyclic loading and theoretical analyses and predictions of cyclic and permanent embankment deformations.

Compared to upstream facings, the position of a vertical asphalt concrete core, close to the central axis of the embankment, is favorable with respect to imposed static dam deformations and deformations caused by serious earthquake shaking.

The laboratory results presented by Wang and Hoeg (2011) and others show that the asphalt concrete core can withstand severe seismic shaking without significant material degradation and cracking. The earthquake resistance of the dam rather depends on proper design and zoning of the embankment itself.

Dynamic numerical analyses of embankment dams are performed by software that can handle non-linear elasto-plastic constitutive relationships for the embankment material (e.g. Plaxis, FLAC, SIGMA/W and Abaqus). The analyses are used to predict the dynamic stress-strain and displacement response during the earthquake loading and the permanent (residual) displacements resulting from the shaking. Equivalent linear approaches are not able to compute permanent deformations that occur during the earthquake shaking.

The largest dynamic amplifications and accelerations occur towards the top of the dam where the asphalt concrete core may experience tension and shear strains that could result in cracking. Numerical analyses of typical ACEDs demonstrate that the bending moments in the asphalt concrete core are the largest in the top part, but below about 1/5 of the dam height from the crest, the core is in compression only. The residual embankment settlements and displacements predicted by the numerical analyses should be compared against the displacements computed by the simpler Newmark approach for estimating permanent shear displacements. However, the Newmark approach only considers shear strains along specified slip planes and does not include volumetric plastic strains that occur in the embankment material. On the other hand, the results of the complete and more complex non-linear elasto-plastic analyses are very sensitive to the assumptions used in the material constitutive relationships.

When the computed results indicate that the top part of the asphalt concrete core may undergo excessive deformations and cracking during the Safety Evaluation Earthquake (SEE), special design measures are required to increase the dam's earthquake resistance:

- Use high-quality, well graded, well compacted rockfill/gravel in the top part of the dam. The effective stresses are low in the top part, and for low normal stresses friction angles above 50° may be achieved.

- Flatten the exterior slopes of the top part of the embankment to increase stability and reduce shear displacements.

- Utiliser une armature horizontale (p. ex., géo-grilles de renforcement) dans la partie supérieure du barrage.

- Augmenter l'épaisseur du noyau pour permettre des fissures de traction plus profondes ou des déplacements en cisaillement plus importants sans causer de dommage critique au noyau.

- Utiliser un mélange de béton bitumineux contenant un type de bitume plus mou ou une teneur plus élevée en bitume, ou ajouter des adjuvants (p. ex., SBS) pour augmenter la souplesse et la ductilité du noyau et sa capacité à résister à des déformations de cisaillement et de flexion sans fissures excessives. Des fibres d'armature de différents types peuvent également être ajoutées au mélange du béton bitumineux pour augmenter la résistance aux fissures du noyau.

- Quoi qu'il en soit, s'il existe une possibilité de fissures et de fuites locales dans la partie supérieure du noyau, le filtre aval du noyau devrait être conçu comme un filtre large. Le but consiste à arrêter toute érosion du filtre amont au travers des fissures et à transporter les particules en aval. Un matériau d'arrêt de fissures dans le filtre amont ira alors dans les fissures et réduira les fuites et l'érosion qui pourraient autrement se produire pendant la période de réparation du noyau après le séisme.

Pour le site d'un barrage où des mouvements de faille sont possibles dans les fondations du barrage, il est nécessaire de prendre en compte des aspects particuliers liés à la conception et à la construction. La meilleure option, si possible, consiste à déplacer le barrage.

4.3. CONCEPTION DU MÉLANGE ET PROPRIÉTÉS DES MATÉRIAUX

4.3.1. *Exigences générales*

Maniabilité

Une viscosité et une déformabilité suffisamment élevées du mélange de béton bitumineux sont des propriétés importantes permettant d'assurer une bonne maniabilité, particulièrement pour les barrages situés dans des environnements climatiques froids et humides. Fondamentalement, la pierre concassée sera utilisée pour les granulats et l'ajout de sable ou de gravier naturel dans le mélange de béton bitumineux permettra d'en améliorer la maniabilité. La poudre de chaux comme matériau de remplissage a un effet de « lubrification » et améliore également l'adhésion entre le bitume et les granulats.

Il est important de s'assurer que les granulats ne contiennent pas d'argile, de saleté, d'humus ou d'autres contaminants, et au besoin, le matériau doit être lavé.

Flexibilité

Un noyau de béton bitumineux doit être suffisamment souple et ductile pour suivre les déformations induites du remblai et des zones adjacentes sans fissures ni fuites. La flexibilité du mélange de béton bitumineux peut être ajustée et modifiée en fonction de la déformation prévue de la recharge du barrage et des zones adjacentes. Cela signifie que la déformation du noyau de béton bitumineux dépend de la déformation induite du remblai. En général, les mélanges de béton bitumineux sont très souples; la catégorie et la quantité de béton bitumineux, ainsi que le contenu des granulats fins, influencent leur flexibilité. Les deux conceptions possibles des mélanges de béton bitumineux (très souple et relativement rigide) ont déjà été utilisées, selon les conditions locales. L'une des déformations les plus importantes jamais subies par un BRNBB, sans aucune fuite, se situait dans une plage d'environ 2,4 mètres (voir l'annexe B, barrage Eberlaste, Autriche). À l'opposé, des mélanges de béton bitumineux plus rigides ont été utilisés pour des barrages à remblai rigide dans différents pays.

- Use horizontal reinforcement (e.g. armoring with geogrids) in the top part of the dam.

- Increase the core thickness to allow for deeper tension cracks or larger shear displacements without causing critical damage to the core.

- Use an asphalt concrete mix with a softer bitumen type and/or higher bitumen content or introduce admixtures (e.g. SBS) to increase the core flexibility and ductility and the ability to sustain large shear and bending strains without excessive cracking. Reinforcing fibers of various types may also be added to the asphalt concrete mix to increase the core cracking resistance.

- In any case, if there is a possibility of cracking and local leakage through the top part of the core, the filter zone on the downstream side of the core should be designed as a wide filter. The purpose is to arrest any erosion from the upstream filter zone through the cracks and to transport particles downstream. Crack-stopper material in the upstream filter zone will then migrate into the cracks and reduce leakages and erosion that otherwise may occur during the period it takes to repair the core after the earthquake.

For a dam site where fault movements may occur in the dam foundation, special design and construction considerations are required. The best option is, if possible, to relocate the dam.

4.3. MIX DESIGN AND MATERIAL PROPERTIES

4.3.1. General requirements

Workability

A sufficiently high viscosity and deformability of the asphalt concrete mix are important properties to ensure a good workability especially for dams in cold and wet climatic environments. Crushed rock shall basically be used for aggregates and the addition of some natural sand or gravel in the asphalt concrete mix will improve the workability. Limestone powder as filler material has a "lubricating" effect and will also improve the adhesion between bitumen and aggregates.

It is important to ensure that there is no clay, dirt, humus or other contaminations in the aggregates and - if necessary - the material should be washed.

Flexibility

An asphalt concrete core must be sufficiently flexible and ductile to follow the induced deformations of the embankment and the adjacent zones without cracking and leaking. The flexibility of the asphalt concrete mix can be adjusted and modified to the expected deformation of the dam shell and the adjacent zones. This means that the deformation of the asphalt concrete core depends on the induced deformation of the embankment. In general asphalt concrete mixes are very flexible and the grade and amount of the bitumen as well as the content of the fine aggregates influence the flexibility. The two possible mix designs of asphalt concrete (very flexible and relatively stiff) have been used in the past depending on the local conditions. One of the largest deformations which ever occurred on an ACED dam without any leakages was in a range of about 2.4 m (see Appendix B, Eberlaste Dam, Austria). On the other hand, more stiff asphalt concrete mixes have been used for dams with stiff embankments in various countries.

Fig. 4.6
Les noyaux de béton bitumineux sont très souples et ductiles (Essai réalisé au barrage Nemiscau 1, Canada)

Perméabilité

La relation entre la teneur en vides et la perméabilité dans les échantillons de béton bitumineux compacté est bien documentée dans un grand nombre d'études et de rapports de recherche. Les essais de perméabilité sont relativement longs et difficiles, tandis que les mesures de la teneur en vides sont rapides et faciles. Par conséquent, il est aujourd'hui généralement accepté que la détermination de la teneur en vides fasse partie du devis descriptif, et que les essais de perméabilité ne sont utilisés qu'en cas de préoccupation.

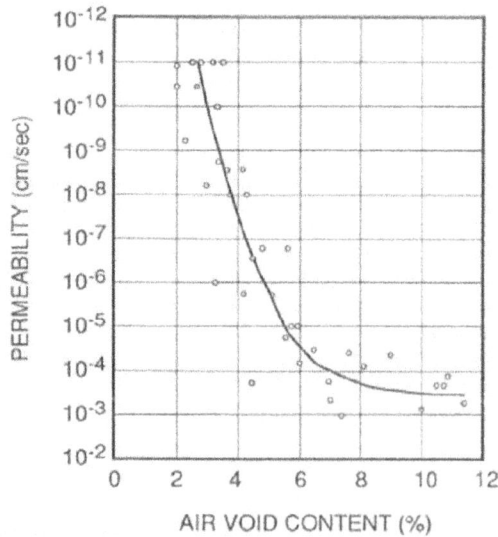

Fig. 4.7
Perméabilité par rapport à la teneur en vides des mélanges de béton bitumineux

Fig. 4.6
Asphalt concrete cores are very flexible and ductile (Trial test at
Nemiscau 1 dam, Canada)

Permeability

The relationship between the air void content and permeability in compacted asphalt concrete samples is well documented in many studies and research reports. Permeability tests are fairly difficult and time consuming while void content measurements are fast and easy. Therefore, it is today generally accepted that the air void determination has to be part of the technical specifications and permeability tests only have to be used if there are concerns.

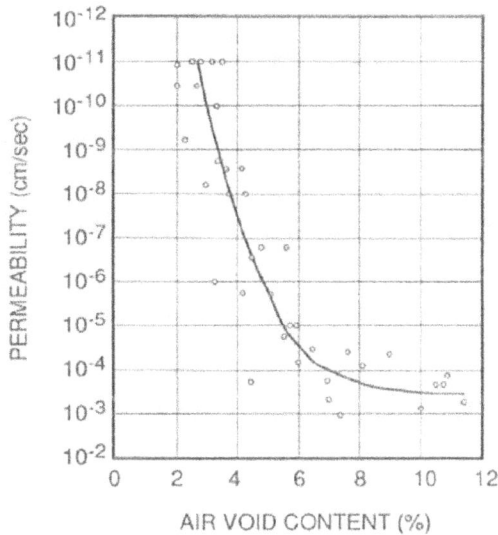

Fig. 4.7
Permeability versus air void content of asphalt concrete mixes

Capacité de cicatrisation du béton bitumineux

En cas de fissure dans un noyau de béton bitumineux, ce qui est très peu probable, les propriétés viscoélasto-plastiques et ductiles du béton bitumineux lui confèrent une capacité de cicatrisation. Le degré et la durée du processus de cicatrisation dépendent principalement des contraintes imposées sur la fissure, de la température et de la viscosité du bitume.

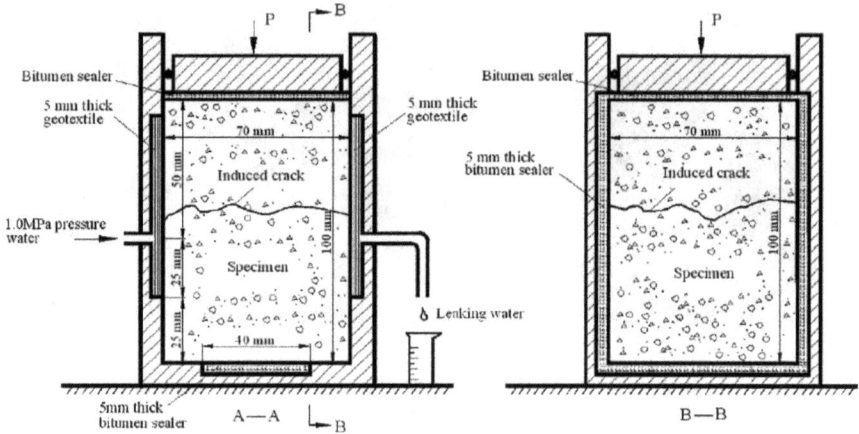

Fig. 4.8
Cicatrisation des fissures dans du béton bitumineux et matériel d'essai

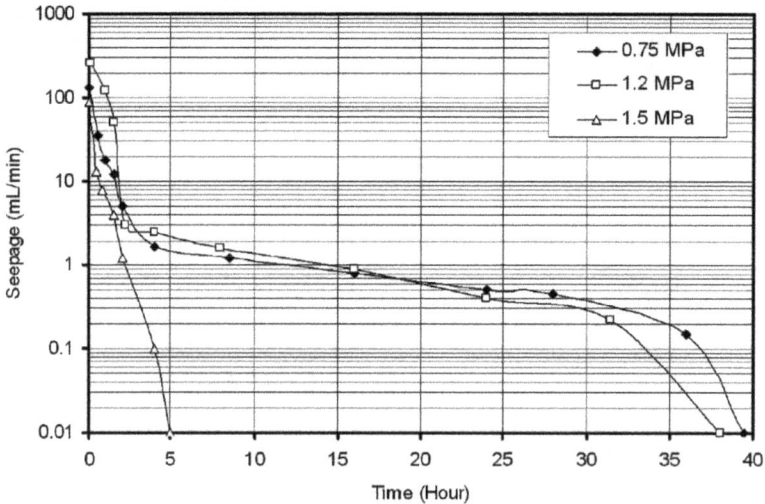

Fig. 4.9
Résultats des tests de cicatrisation

La résistance à la traction récupérée par l'échantillon fissuré s'établissait à environ 55% de la résistance à la traction initiale après l'application d'une contrainte verticale de 1,0 MPa pendant 24 heures à une température ambiante de 7°C.

Self-healing ability of asphalt concrete

Should a crack occur in the asphalt concrete core - which is highly unlikely, the viscoelastic-plastic and ductile properties of the asphalt concrete provide a self-healing ability. The degree and the time of the self-healing process depend primarily on the stress imposed on the crack, the temperature and the viscosity of the bitumen.

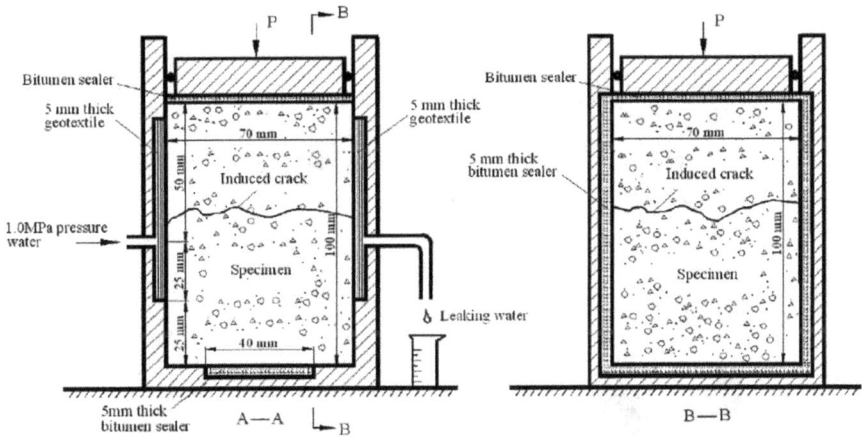

Fig. 4.8
Self-healing of cracks in asphalt concrete material, test equipment

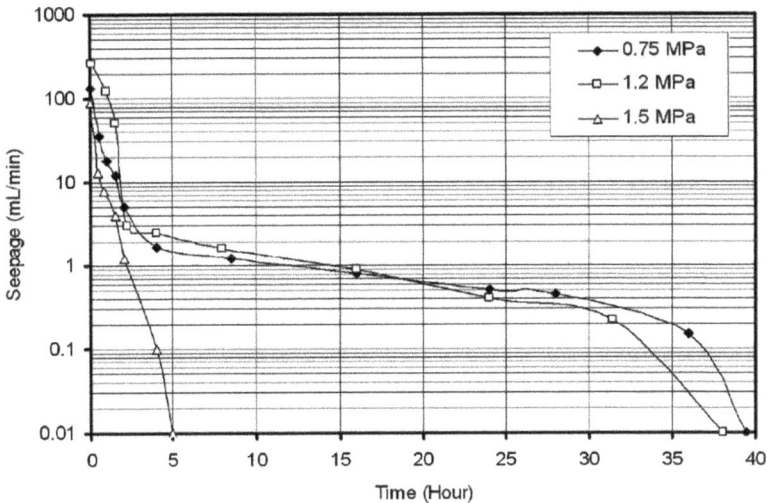

Fig. 4.9
Results of self-healing tests

The regained tensile strength of the cracked specimen was found to be approximately 55% of the initial tensile strength after applying a vertical stress of 1.0 MPa for 24 hours at an ambient temperature of 7°C.

4.3.2. Granulats et filler

En raison de la forte teneur en bitume et en filler dans les mélanges d'asphalte, la pellicule de bitume et de filler autour des granulats est relativement épaisse, comparativement aux mélanges routiers ordinaires. Les granulats plus grossiers « flottent » (voir la figure 4.10) dans le mélange de fines, de filler et de bitume, et même sous des pressions hydrauliques très élevées, il est impossible que la pression expulse le bitume du noyau.

Fig. 4.10
Échantillon de noyau carotté et coupé, avec granulats grossiers flottants

Les granulats pour les noyaux de béton bitumineux devraient provenir d'une roche solide, aux propriétés stables, ou d'un mélange de roche et de sable ou de gravier concassé. Dans des cas particuliers, une certaine quantité de gravier naturel peut être ajoutée pour augmenter la maniabilité. Les exigences en matière de qualité pour les granulats sont relativement souples par rapport à celles des granulats utilisés pour le béton bitumineux routier, en raison des forces d'arrachement et des charges importantes (voir le devis descriptif au chapitre 6.2.2, Matériaux).

Les différences de qualité entre les granulats (paramètres de résistance, etc.) ont des effets mineurs sur le comportement contrainte-déformation des noyaux de béton bitumineux comparativement à d'autres obligations, comme la construction routière. Toutefois, la friabilité des granulats exige une teneur plus élevée en bitume pour obtenir la teneur en vides requise (perméabilité) et affecte également la maniabilité du béton bitumineux.

L'adhésion entre les granulats et le bitume est un paramètre essentiel pour le revêtement du parement en béton bitumineux et le bitume routier. D'ailleurs, un agent d'adhésion est généralement requis si les granulats sont acides. Le film de bitume et de filler autour des granulats des noyaux de béton bitumineux est plus épais : par conséquent, l'eau ne peut pas pénétrer dans le noyau de béton bitumineux, ce qui assure son imperméabilité. Par conséquent, des granulats acides et basiques peuvent être utilisés pour de tels mélanges de béton bitumineux, sans qu'il soit nécessaire d'ajouter un agent d'adhésion.

4.3.2. Aggregates and Filler

With the high content of bitumen and filler in asphalt mixes the bitumen/filler film around the aggregates is fairly thick when compared with ordinary road mixes. The coarser aggregates are "floating" (see Figure 4.10) in the mix of fines, filler and bitumen and even under very high hydraulic pressures there is no risk that the bitumen will be pressed out of the core.

Fig. 4.10
Drilled and cut core sample with floating coarse aggregates

Aggregates for asphalt concrete cores should be sound and property-stable rock or a mixture of rock and sand or crushed gravel. In special cases, natural gravel can be used up to a certain amount to increase the workability. The quality requirements for the aggregates are fairly relaxed compared to the requirements for aggregates used for road asphalt concrete due to the severe tear and loads (see technical specifications, Chapter 6.2.2 Materials).

Differences in quality of the aggregates (strength parameters, etc.) have minor effects on the stress-strain behavior of asphalt concrete cores compared to other applications, like road construction. However, aggregate flakiness requires higher bitumen content in order to obtain the required void content (permeability) and it affects also the workability of the asphalt concrete.

Adhesion between aggregates and bitumen is a critical parameter for the asphalt concrete facing linings and road asphalt and an adhesion agent is normally required if the aggregates are acidic of origin. The bitumen/filler film around the aggregates for asphalt concrete cores is thicker and therefore, water cannot penetrate into the core and ensures imperviousness. Accordingly, both acidic and basic aggregates can be used for such asphalt concrete mixes without adding an adhesion agent.

Le filler requis dans le mélange de bitume sera normalement un mélange de fillers récupérés des granulats et du filler ajouté provenant d'une source externe. La centrale d'enrobage devrait donc être dotée d'un système de filtration à sac gonflable qui récupère le filler du granulat (voir le chapitre 5.3.1, Centrale d'enrobage, Exigences). Le filler provenant d'une source externe sera généralement coûteux et il sera plus économique de produire des granulats ayant une teneur élevée en filler afin de réduire la quantité de filler importé requise. Normalement, le filler récupéré ne dépasse pas 50% de la teneur totale en filler du mélange de béton bitumineux.

La superficie du filler sera la majorité de la surface totale de tous les granulats présents dans le mélange de béton bitumineux. Différents fillers peuvent avoir un effet considérable sur la maniabilité du mélange de béton bitumineux.

Le filler ajouté peut être du ciment ou du calcaire finement broyé.

4.3.3. Bitume

Dans ce contexte, le bitume est un produit obtenu de la distillation du pétrole brut dans une raffinerie. Différents pétroles bruts, ainsi que le bitume extrait par le processus de raffinage, ont des caractéristiques quelque peu différentes. Toutefois, la majeure partie du bitume produit à l'échelle mondiale, possédant le degré de pénétration requis, peut être utilisée pour les noyaux de béton bitumineux.

Le bitume est un produit naturel qui ne contient aucun additif pouvant polluer l'environnement ou l'eau. Les noyaux de béton bitumineux ou les revêtements de béton bitumineux sont donc couramment utilisés pour les ouvrages d'irrigation ou de stockage de l'eau.

Le bitume modifié par des polymères pour augmenter l'allongement en traction du mélange de béton bitumineux devient relativement courant dans plusieurs applications qui utilisent de l'asphalte. Toutefois, l'utilisation du polymère comme modifiant entraîne une augmentation considérable du prix du bitume et n'est généralement pas requise pour les noyaux de béton bitumineux.

Le durcissement et l'oxydation du bitume sont des phénomènes bien connus sur la chaussée routière et les parements en béton bitumineux. Ils sont causés par le rayonnement du soleil, les variations de température, et la pénétration d'air et d'humidité dans la chaussée ou les parements. En ce qui concerne les noyaux de béton bitumineux, le matériau est bien protégé dans le barrage, à l'abri du rayonnement du soleil, et il se trouve dans un environnement où la température est modérée et relativement stable. De plus, le bitume est très dense et ni l'air ni l'humidité ne peuvent pénétrer le noyau de béton bitumineux. Si un bitume de bonne qualité est utilisé, l'oxydation et le durcissement ne représentent pas des problèmes pour les noyaux de béton bitumineux après le durcissement initial pendant la production à la centrale d'enrobage, le transport et le placement.

Les barrages sont construits pour une longue durée de vie et un bitume de bonne qualité permettra de maintenir le comportement du matériau du noyau pendant très longtemps lorsqu'il est protégé dans le barrage en remblai. Les propriétés de vieillissement du bitume choisi doivent être contrôlées pour tous les nouveaux projets avec noyau de béton bitumineux.

Les différentes catégories de bitume disponibles sont généralement désignées par une valeur de pénétration. Le type le plus courant est B 70/100; le type B 50/70 est moins fréquemment utilisé. Le bitume de type B 50/70 ayant une valeur de pénétration initiale se situant entre 50/10 mm et 70/10 mm est relativement rigide, tandis que, par exemple, un bitume de type B 160/220 est très mou.

The required filler in the asphalt mix will normally be a mixture of fillers retrieved from the aggregates and the added filler that is provided from an external source. The asphalt plant should therefore be equipped with an air bag filter system that retrieves the aggregate filler (see Chapter 5.3.1, Asphalt Mixing Plant, Requirements). Filler delivered from an external source will normally be expensive and it will be economical to produce aggregates with a high content of filler in order to reduce on the imported filler. The retrieved filler shall normally not exceed 50% of the total filler content in the asphalt concrete mix.

The surface area of filler will be the majority of the total surface of all aggregates in the asphalt concrete mix. Different fillers can have a great influence on the asphalt concrete mix workability.

Added filler can be cement or finely ground limestone.

4.3.3. Bitumen

Bitumen in this context is a product obtained from distillation of crude oil in a refinery. Various crude oils and the bitumen extracted through the refinery process have somewhat different characteristics. However, most of the bitumen produced world-wide of the required penetration grade can be used for asphalt concrete cores.

Bitumen is a natural product and contains no additives that can pollute the environment or the water itself. Asphalt for concrete cores or asphalt concrete linings are therefore commonly used for irrigation or water storage structures.

Polymer modified bitumen in order to increase tensile strain of the asphalt concrete mix is becoming fairly common for many asphalt applications. However, the use of polymer modifier causes a considerable increase in the bitumen price and is generally not required for asphalt concrete cores.

Hardening and oxidation of the bitumen is a well-known phenomenon on road pavement and asphalt concrete facings. This is caused by radiation from the sun, variations in temperature and with air and moisture penetrating into the pavement. For asphalt concrete cores the material is well protected inside the dam with no sun radiation and in an environment where the temperature is moderate and fairly stable. Furthermore, the bitumen is very dense and neither air nor moisture can penetrate into the asphalt concrete core. If good bitumen is used, oxidation or hardening is no concern for asphalt concrete cores after the initial hardening during production at the asphalt concrete plant, transportation and placement.

Dams are built for a long lifetime and bitumen of a good quality will maintain the behavior of the core material for a very long time when protected inside the embankment dam. The aging properties of the selected bitumen must be controlled for all new asphalt concrete core projects.

The available various bitumen grades are commonly designated by a penetration value. The most common type is B 70/100 and B 50/70 is less commonly used. Bitumen type B 50/70 with an initial penetration value between 50/10 mm and 70/10 mm is fairly stiff while, for example, a bitumen B 160/220 is very soft.

Le type et la catégorie de bitume ont un effet considérable sur les propriétés du mélange de béton bitumineux. Ces propriétés peuvent être adaptées aux conditions locales du site et aux critères de conception du barrage. Les conditions locales évaluées sont généralement les suivantes :

- La température du site et la température de l'eau dans le réservoir

- Les secousses sismiques potentielles

- Le tassement potentiel des fondations et du remblai

Aux endroits où des secousses sismiques très importantes sont possibles ou aux endroits présentant un tassement possible des fondations, un type de bitume ayant une valeur de pénétration plus élevée est préférable.

Les conditions climatiques locales pour le bitume routier dictent souvent la catégorie de bitume disponible dans un pays spécifique. Dans les pays ayant un climat chaud, les qualités de bitume disponible sont généralement plutôt rigides. Toutefois, des plastifiants sont disponibles et peuvent être utilisés pour augmenter les valeurs de pénétration, au besoin. De plus, l'augmentation de la teneur en bitume dans le mélange de béton bitumineux à l'intérieur de certaines limites produira également un matériau plus ductile, même lorsque la base est un bitume plutôt rigide.

4.3.4. Conception du mélange

Généralités

La conception du mélange de béton bitumineux permet de démontrer que les matériaux sont appropriés et que le mélange est conforme et spécifique au projet de barrage et aux conditions locales. Les conditions locales peuvent être décrites de la façon suivante :

- Les fondations et le tassement estimé des fondations

- Le tassement estimé du barrage pendant la construction et la mise en eau

- Les risques de séisme et les répercussions potentielles au site du barrage et dans la région

- Les conditions climatiques

Les granulats qui doivent être utilisés pour le noyau de béton bitumineux devront être testés et évalués conformément au chapitre 4.3.2, Granulats et filtre, et au chapitre 7, Contrôle de la qualité pendant la construction. Au minimum, les paramètres suivants devraient être évalués :

- L'origine et la pétrographie des granulats

- L'examen visuel

- La granulométrie

- La friabilité

- L'absorption d'eau

- L'affinité avec le bitume

- La résistance conformément à la méthode d'abrasion et de choc de Los Angeles

- La résistance thermique

The bitumen type and grade have a great influence on the asphalt concrete mix properties. These properties can be tailored to local conditions at the site and the design criteria for the dam. The local conditions to be evaluated are usually:

- Temperature at the site and the water temperature in the reservoir

- Potential earthquake shaking

- Potential foundation and embankment settlements

In locations where considerable earthquake shaking can occur or in locations with possible foundation settlements, a bitumen type with a higher penetration value is preferable.

Local climate conditions for road asphalt will often dictate the bitumen grade available in the particular country. In countries with a hot climate, the bitumen qualities available are general fairly stiff. However, special softeners are available and can be used to increase the penetration values if needed. Further, increasing the bitumen content in the asphalt concrete mix within certain limits will also produce a more ductile material even when based on a fairly stiff bitumen.

4.3.4. Mix design

General

The asphalt concrete mix design shall demonstrate the suitability of materials and that the mixture complies with the specific dam project and the local conditions. The local conditions can be described by:

- Foundation and estimated foundation settlements

- Estimated dam settlements during construction and impounding

- Earthquake hazard and potential impact at the dam site and in the region

- Climatic conditions.

The aggregates intended to be used for the asphalt concrete core shall be tested and evaluated in accordance with Chapter 4.3.2 Aggregates and Filler and Chapter 7 Quality Control during Construction. The following parameters should at least be evaluated:

- Origin and petrography of the aggregates

- Visual assessment

- Gradation

- Flakiness

- Water absorption

- Affinity to bitumen

- Strength according to Los Angeles abrasion and impact method

- Heat resistance

Le filler utilisé dans le mélange de béton bitumineux consistera de filler récupéré dans les granulats et de filler externe (p. ex., calcaire concassé, ciment ou autre matériau approuvé) :

- Granulométrie du matériau inférieure à 0,063 mm (0,075 mm selon la norme américaine)

- Absorption d'eau

Les tests suivants devront être effectués sur le bitume devant être utilisé (voir le chapitre 4.3.3, Granulats et filtre, et le chapitre 7, Contrôle de la qualité pendant la construction) :

- Pénétration (avant et après le chauffage)

- Méthode bille et anneau (avant et après le chauffage)

- Point de fracture de Fraaß

- Propriétés de vieillissement à long terme

- Reprise élastique (uniquement pour le bitume modifié par des polymères)

Les granulats, y compris le filler, devront être combinés de façon telle que la granulométrie suit la courbe granulométrique de Fuller à l'intérieur de limites raisonnables. Si cela n'est pas possible, d'autres ajustements devront être apportés pour produire des granulats plus adéquats. Pour augmenter la maniabilité du mélange de béton bitumineux, du sable ou du gravier naturel, contenant une certaine quantité de particules à surface arrondie, peut être ajouté.

Normalement, la teneur en bitume se situe entre 6,5 et 7,5%, mesurée en pourcentage du poids total. Dans une grande mesure, la teneur en bitume dépend de la courbe granulométrique, de la densité spécifique des granulats et de la teneur en filler. Une teneur en bitume légèrement plus élevée que celle qui est théoriquement suffisante pour combler les vides dans le mélange de granulats est recommandée.

Un tel mélange de béton bitumineux peut facilement être compacté afin d'obtenir une teneur en vides inférieure à 3% sur le terrain, et il sera certainement imperméable.

Courbe de Fuller

La composition des grains de minéraux devra respecter la courbe granulométrique de Fuller n = 0,45 (figures 4.11 et 4.12), à l'intérieur de limites raisonnables, et elle doit être améliorée en ajoutant une teneur plus élevée de matière à grains fins (filler de taille inférieure à 0,063 mm selon la norme européenne et à 0,075 mm selon la norme américaine).

Les mélanges de béton bitumineux qui tiennent compte de la courbe granulométrique de Fuller ont la résistance la plus élevée, sont ductiles et auront la capacité de soutenir des contraintes de traction et de cisaillement plus élevées avant de fissurer. En général, la taille maximale des granulats ne devrait pas être supérieure à 18 mm, en raison de problèmes potentiels de ségrégation.

Filler material in the asphalt concrete mix will consist of retrieved aggregate filler and the external filler e.g. ground limestone, cement or other approved filler material.

- Gradation of material less than 0.063 mm (0.075 mm US Standard)

- Water absorption

The bitumen intended to be used shall be tested for (see Chapter 4.3.3 Bitumen and Chapter 7 Quality Control during Construction):

- Penetration (before and after heating)

- Ring & Ball (before and after heating)

- Fraaß fracture point

- Long term aging properties

- Elastic recovery (only for polymer modified bitumen)

The aggregates including the filler shall be combined is such a way that the grading follows the Fuller's gradation curve within reasonable limits. If this cannot be achieved, further adjustments must be performed to produce more adequate aggregates. In order to increase the workability of the asphalt concrete mix, natural sand or gravel with a certain amount of surface rounded particles can be added.

Normally the bitumen content will be between 6.5 and 7.5% measured as percentage of total weight. To a great extent the bitumen content depends on the gradation curve, the specific density of the aggregates and the filler content. A slightly higher bitumen content than the bitumen content which is theoretically sufficient to fill the voids in the aggregate mix is recommended.

Such asphalt concrete mix can easily be compacted to obtain a void content of less than 3% in the field and will definitely be impermeable.

Fuller curve

The mineral grain composition shall comply with Fuller's gradation curve n = 0.45 (Figures 4.11 and 4.12) within reasonable limits and must be improved by adding a higher content of fine-grained material (filler material smaller 0.063 mm European Standard and smaller than 0.075 mm US Standard).

Asphalt concrete mixes considering the Fuller gradation curve have the highest strength, are ductile and will have the ability to sustain great tensile and shear stresses before cracking. The maximum aggregate size should generally not exceed 18 mm due to segregation concerns.

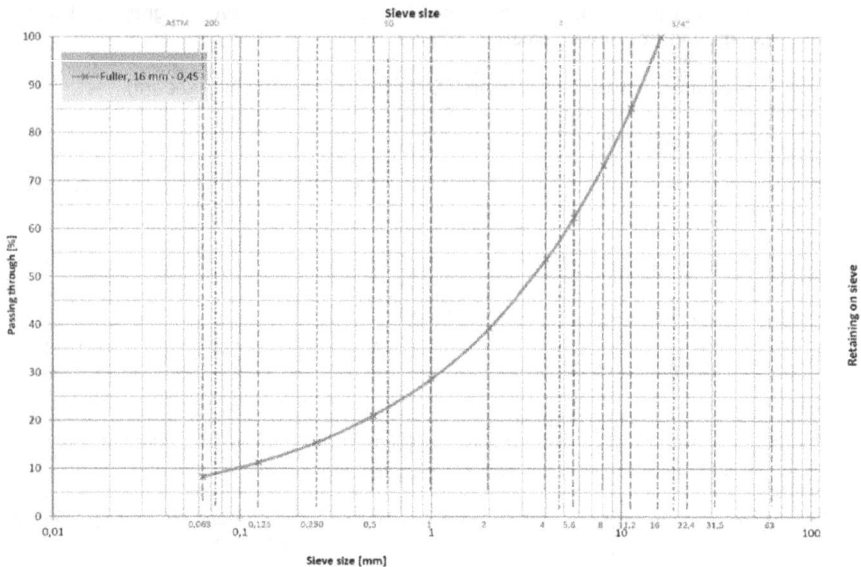

Fig.4.11
Courbe de Fuller théorique, taille maximale des granules 16 mm, n = 0,45, cribles métriques

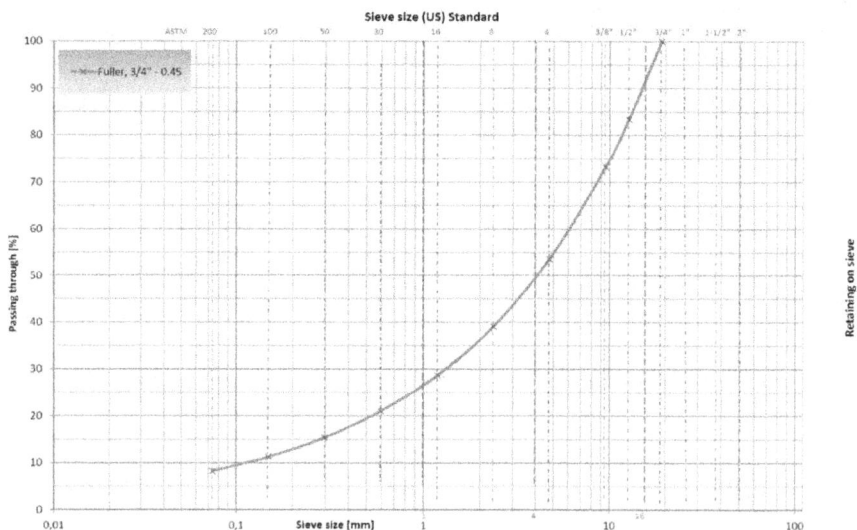

Fig. 4.12
Courbe de Fuller théorique, taille maximale des granules ¾ po, n = 0,45, cribles ASTM

Les figures 4.11 et 4.12 n'indiquent que les courbes de Fuller théoriques nécessaires pour obtenir la densité maximale de granulats. Le contenu en fines doit être augmenté pour la production de béton bitumineux.

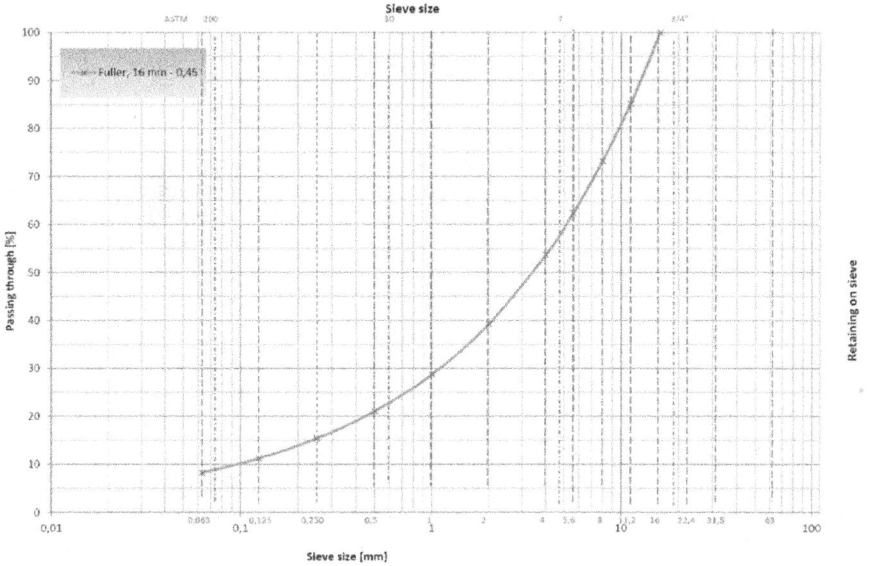

Fig. 4.11
Theoretical Fuller curve, maximum grain size 16 mm, n = 0.45, metric sieves

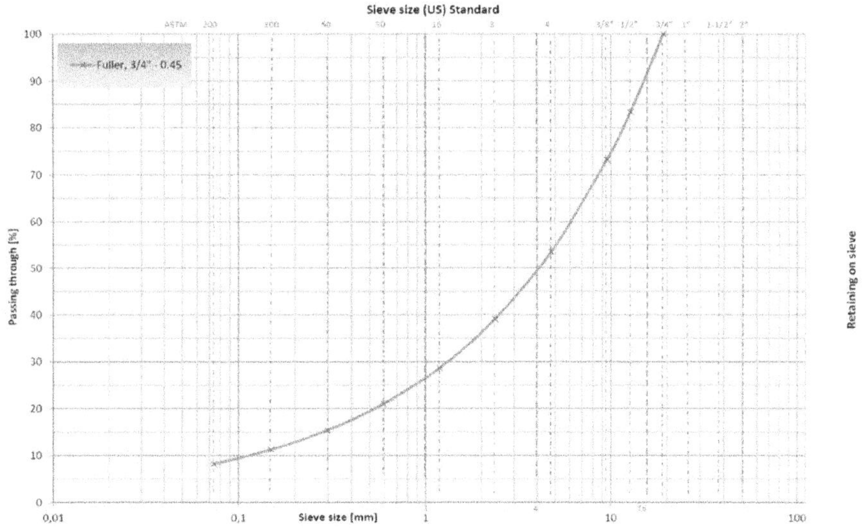

Fig. 4.12
Theoretical Fuller curve, maximum grain size ¾-inch, n = 0.45, ASTM sieves

Figures 4.11 and 4.12 are only showing the theoretical Fuller curves to achieve the maximum density of aggregates. The content of fines must be increased for the production of AC material.

Essai de convenance

L'entrepreneur devra préparer au moins trois échantillons Marshall avec différentes teneurs en bitume et en filler dans son laboratoire pour l'optimisation des vides. La teneur en bitume pour les essais initiaux se situe généralement entre 6,5% et 7,5% du poids total, en tranches maximales de 0,5%.

Les échantillons Marshall sont généralement compactés par 30 coups des deux côtés. Ce compactage correspond approximativement à celui réalisé par des épandeuses utilisées sur le terrain. Si le client ou l'entrepreneur souhaite évaluer la maniabilité du mélange de béton bitumineux, d'autres essais peuvent être effectués avec 10 ou 20 coups en plus des 30 coups normaux appliqués aux échantillons.

La production de mélange de béton bitumineux et la température de compactage dépendent de la catégorie de bitume à utiliser. Dans le cas du bitume ayant un degré pénétration B70/100, la température de compactage se situera entre 130°C et 170°C. Pour la décision finale quant à la teneur en bitume et en filler, la teneur en vides atteinte et la maniabilité des échantillons Marshall doivent être prises en considération.

Une fois la conception préliminaire du mélange de béton bitumineux achevée, un essai triaxial devrait être effectué pour les barrages de grande hauteur. De tels essais devront être effectués et évalués par un laboratoire chevronné et les résultats des essais triaxiaux doivent correspondre aux conditions locales du barrage.

Pour définir la teneur finale en bitume, il est également important de tenir compte de l'exactitude du dosage du bitume à la centrale d'enrobage. L'exactitude doit normalement être ± 0,3% mesuré sur un seul test, ou moins de ± 0,2% en moyenne.

La teneur optimisée en bitume et en filler testée sur les échantillons Marshall dans le laboratoire doit être une teneur en vides maximale de 2,0%.

Une fois la section d'essai effectuée sur le chantier de construction, la teneur finale en bitume pour la production régulière doit être évaluée en se basant sur les résultats et, le cas échéant, ajustée en conséquence.

En cas de changements majeurs aux propriétés des matériaux, au mélange de matériaux ou aux conditions de mise en place, l'essai de convenance doit être répété.

La teneur finale en bitume et les propriétés du mélange de béton bitumineux pour la production régulière doivent satisfaire aux exigences de conception, qui tiennent compte des conditions réelles du barrage, telles que sa hauteur, les matériaux de remblai, les conditions des fondations, la séismicité du site du barrage, etc.

4.4. ESSAIS EN LABORATOIRE DES MÉLANGES DE BÉTON BITUMINEUX

4.4.1. Préparation de l'échantillon pour le test Marshall

Des essais sur un échantillon Marshall (EN 12697) constituent une façon courante de contrôler la teneur en vides et la maniabilité des mélanges. Dans le cas des noyaux de béton bitumineux et des couches mises en place d'une épaisseur de 20 à 25 cm, il est recommandé que les échantillons Marshall soient compactés avec 30 coups des deux côtés. Un tel compactage correspond approximativement à celui obtenu dans le barrage. La température de compactage de l'échantillon Marshall dépend de la catégorie de bitume utilisée pour ce cas spécifique (par exemple 135±5°C pour le bitume ordinaire B 70/100). Le marteau Marshall devra avoir une enclume d'acier. Les essais de compactage Marshall devraient être utilisés pour la conception initiale du mélange de béton bitumineux et pour le contrôle quotidien sur le site.

Suitability test

The contractor shall prepare at least three Marshall-samples with different bitumen and filler contents in his laboratory for the air void optimization. The bitumen content for the initial tests is usually in a range between 6.5% and 7.5% of the total weight with maximum increments of 0.5%.

The Marshall samples are usually compacted with 30 blows on both sides. This compaction corresponds approximately to the compaction achieved by adequate pavers in the field. If the client or the contractor wants to evaluate the workability of the asphalt concrete mix, further tests can be performed with 10 and/or 20 blows in addition to the normal 30 blows on the samples.

The asphalt concrete mix production and the compaction temperature depend on the grade of the bitumen to be used. For bitumen with grade B70/100 penetration, the compaction temperature shall be between 130° and 170° C. For the final decision on the bitumen and filler content the achieved air void content and the workability of the Marshall samples have to be considered.

After the preliminary asphalt concrete mix design is finished, a triaxial test should be performed for higher dams. Such tests shall be carried out and evaluated by an experienced laboratory and the consequences of the triaxial test results must comply with local conditions of the dam.

In order to define the final bitumen content, it is also important to consider the accuracy of the bitumen dosage (in-weighing) at the asphalt plant. The accuracy is normally required to be ± 0.3% measured on a single item test or less than ± 0.2% in average.

The optimized bitumen and filler content tested on Marshall samples in the laboratory shall have a maximum void content of 2.0%.

After the trial section is performed at the construction site the final bitumen content for the regular production can be evaluated based on the results and - if required - adjusted accordingly.

If major changes of the material properties, the material mix or paving conditions occur, the suitability test has to be repeated.

The final bitumen content and the properties of the asphalt concrete mix for the regular production have to meet the design requirements which take into consideration the actual dam conditions such as dam height, dam fill materials, foundation conditions, seismicity of the dam site, etc.

4.4.   LABORATORY TESTING OF ASPHALT CONCRETE MIXES

4.4.1. Preparation of Marshall test specimen

Testing of Marshall specimen (EN 12697) is a common way to control the void content and the workability of mixes. For asphalt concrete cores and placed layers with height of 20 to 25 cm, it is recommended that the Marshall samples should be compacted with 30 blows on both sides. Such compaction usually corresponds approximately to the compaction achieved at the dam. The compaction temperature of Marshall-Specimen depends on the bitumen grade which is used for the specific application (for example $135\pm5°C$ for regular bitumen B 70/100). The Marshall hammer shall have a steel anvil. Marshall compaction tests should be used for the initial asphalt concrete mix design and for daily control at site.

4.4.2. Essais sur les échantillons Marshall

Des échantillons Marshall avec différents efforts de compaction peuvent être réalisés pendant la conception du mélange pour déterminer la teneur en vides. Toutefois, le contrôle quotidien de la qualité des échantillons Marshall doit être effectué sur des échantillons compactés en comptant 30 coups des deux côtés.

4.4.3. Essai de compression triaxiale

Des essais de compression triaxiale sont souvent réalisés pour évaluer le mélange de béton bitumineux quel que soit le projet. Les résultats peuvent être comparés aux conditions de contrainte prévues et aux déplacements présumés du noyau. Pour les barrages de plus grande hauteur, cela doit être effectué de façon standard.

Des spécimens cylindriques de 100 mm (150 mm) de diamètre et de 200 mm (300 mm) de hauteur sont préparés au laboratoire. Le compactage des spécimens triaxiaux doit normalement suivre la procédure décrite ci-dessous. Un marteau compacteur Marshall standard est utilisé et frappe 30 coups par couche. Les échantillons sont réalisés avec 4 couches d'épaisseur égale. Le processus de compactage produit des échantillons qui ont approximativement les mêmes paramètres que des carottes prélevées sur un barrage. Pendant l'essai, les échantillons sont enveloppés dans une membrane en caoutchouc imperméable.

Les conditions d'essai normalement utilisées sont les suivantes :

- Température de l'essai : 5, 10 ou 20°C, selon les conditions locales et la température de l'eau dans le réservoir

- Taux de déformation : 0,03%/min. -0,1%/min.

- Contrainte latérale : 0,2 MPa à 1,5 MPa

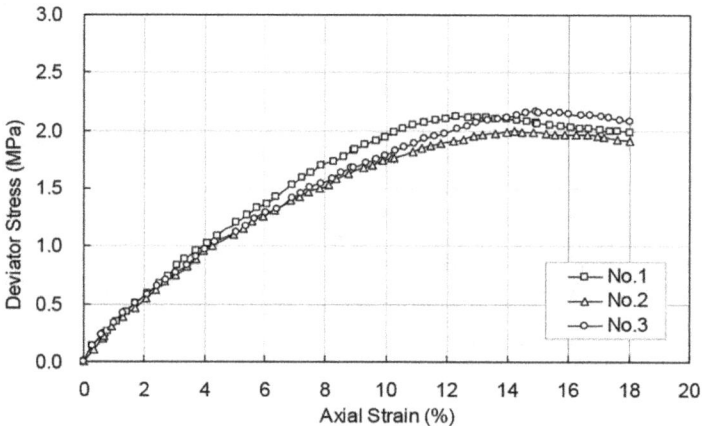

4.4.2. Tests on Marshall samples

Marshall samples with different compaction efforts can be used for the determination of the void content during mix design work. However, the daily quality control on Marshall samples must be done on specimen compacted with 30 blows on each side.

4.4.3. Tri-axial compression test

C-D Tri-axial tests are often used for evaluating the asphalt concrete mix intended for any project. The results can be compared to expected stress conditions and assumed core displacements. For higher dams, this should be performed as a standard.

Cylindrical specimens of diameter 100 mm (150 mm) and height 200 mm (300 mm) are prepared in the laboratory. Compaction of the tri-axial specimens should normally follow the below described procedure. A standard Marshall tamping hammer is used with 30 blows per layer. The specimens are built up in 4 layers of equal thickness. This compaction process produces samples that have approximately the same parameters as from drilled core samples from a dam. The specimens are enclosed in an impervious rubber membrane during the test.

Test conditions normally used are:

- Test temperature: 5, 10 or 20°C, depends on the local conditions and water temperature in the reservoir

- Rate of strain: 0.03%/min. -0.1%/min.

- Lateral stress: 0.2 MPa to 1.5 MPa

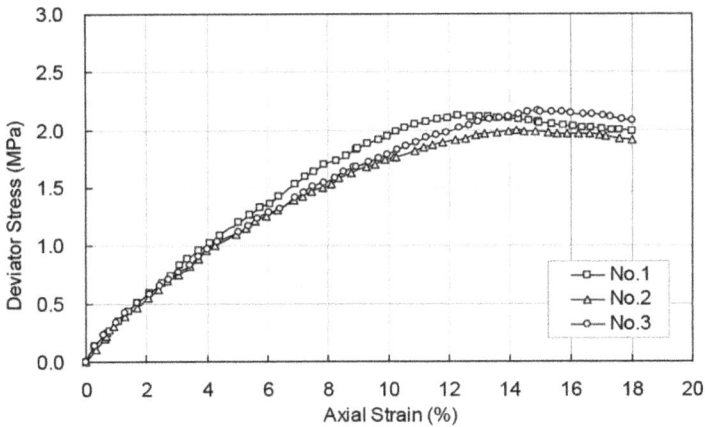

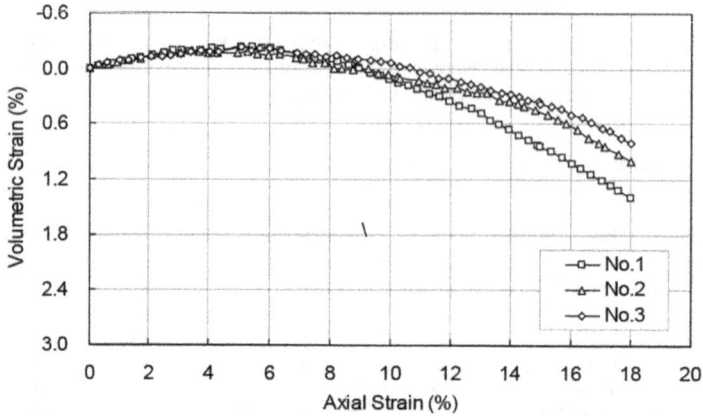

Fig. 4.13
Exemple d'essai triaxial pour un noyau de béton bitumineux, échantillon avec
diamètre de 100 mm et hauteur de 200 mm

La température de l'essai pour les échantillons illustrés dans la figure 4.13 était 15°C et la contrainte de confinement latérale était 0,4 MPa. Les échantillons avaient une teneur en bitume de 6,5% et un bitume de catégorie B70 a été utilisé. Dans la figure, des chiffres positifs pour la déformation volumique indiquent une expansion volumique, c.-à-d. une dilatation. Les résultats de l'essai indiquent une compression volumique (réduction) jusqu'à une contrainte axiale d'environ 6%, puis une dilatation d'environ 0,1 à 0,4% à une contrainte axiale de 12%. En général, la dilatation diminue avec l'augmentation de la contrainte de confinement et de la teneur en bitume.

4.4.4. Essai de flexion

Un essai de flexion en deux points d'un échantillon prismatique peut être réalisé pour déterminer la flexibilité des couches de béton bitumineux sous la déformation des deux bases. Il s'agit d'un essai simple qui peut être effectué à température ambiante (20°C ± 5°C).

4.4.5. Essai triaxial de charge cyclique

Cet essai peut être envisagé dans les zones sujettes aux séismes de forte intensité. Un tel essai exige un matériel très spécialisé et du personnel très chevronné pour mesurer les contraintes combinées et axiales, ainsi que le fluage des matériaux.

4.4.6. Autres essais

Des essais autres que ceux susmentionnés peuvent être envisagés dans des circonstances et des conditions particulières.

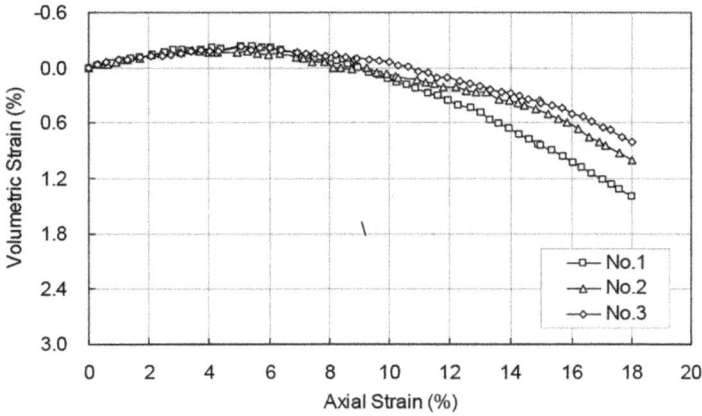

Fig. 4.13
Example of tri-axial test for asphalt concrete core, sample with
diameter 100 mm, height = 200 mm.

The test temperature for the samples shown in Figure 4.13 was 15°C and the lateral confining stress was 0.4 MPa. The specimens had a bitumen content of 6.5% and bitumen grade B70 was used. In the figure, positive values for volumetric strain indicate volumetric expansion, i.e. dilatation. The test results showed volumetric compression (reduction) up to an axial strain of about 6% and then dilation that amounted to 0.1-0.4% at an axial strain of 12%. In general, dilation decreases with increasing confining stress and bitumen content.

4.4.4. Bending test

A two-point bending test of a prismatic specimen can be applied to determine the flexibility of asphalt concrete layers under the deformation yielding bases. This is a simple test and can be carried out in room temperature (20°C ± 5°C).

4.4.5. Cyclic loading Tri-axial test

This test can be considered in areas with a probability of earthquakes with high intensity. Such test requires very special equipment and highly experienced personnel to measure the combining and axial stresses as well as the creeping of the material.

4.4.6. Other tests

Other tests than the above mentioned can be considered under special circumstances and conditions.

4.5. ANALYSES NUMÉRIQUES DES BARRAGES À NOYAU DE BÉTON BITUMINEUX

Un noyau de béton bitumineux est semblable à une membrane d'étanchéité très mince incorporée au remblai. Les déformations et les conditions de contrainte-déformation du noyau de béton bitumineux du barrage sont induites par le remblai et les fondations. Il est relativement difficile d'effectuer un calcul exact des déformations après la mise en eau d'un barrage en remblai construit en enrochement et en gravier (voir le bulletin nº 150 de la CIGB). Les calculs des contraintes du remblai se sont avérés plus fiables, mais il reste certaines incertitudes pour les BRNBB.

4.5.1. Mise en œuvre des propriétés des matériaux

Les matériaux en béton bitumineux ont un comportement très dépendant du taux de déformation et les propriétés dépendent des résultats des essais de fluage à long terme (voir Références). La courbe contrainte-déformation du béton bitumineux à des états de fluage stable présente une relation presque linéaire sur une certaine plage de déformations et la contrainte de confinement a des effets peu significatifs sur le module parce que les granulats grossiers flottent dans le mortier. Lorsque la courbe contrainte-déformation dépasse la relation linéaire, les granulats plus grossiers entrent en contact, ce qui produit une relation non linéaire.

Le coefficient de Poisson dépend en grande mesure de la conception du mélange de béton bitumineux et il peut normalement se situer à l'intérieur d'une plage plus large.

4.5. NUMERICAL ANALYSES OF DAMS WITH ASPHALT CONCRETE CORES

An asphalt concrete core is like a very thin diaphragm embedded in the embankment. The deformations and stress-strain conditions of the asphalt concrete core for the dam are induced by the embankments and the foundation. It is fairly difficult to perform an accurate calculation of the deformations after impoundment of an embankment dam made of rock and gravel materials (see also ICOLD Bulletin no 150). The stress calculations of the embankment have proved to be more reliable but some uncertainties for the ACED remains.

4.5.1. Implementation of material properties

Asphalt concrete materials have a strongly strain rate-dependent behavior and the properties depend on long-term creep test results (see References). The stress-strain curve of asphalt concrete at creep-stable states presents a nearly linear relation in a certain strain range and the confining stress has insignificant effects on the modulus because the coarse aggregates are floating in the mortar. When the stress-strain curve is beyond the linear relation the coarser aggregates will come in contact and a non-linear relation will result.

The Poisson's ratio depends to a great extent on the asphalt concrete mix design and can normally be in a wider range.

5. MÉTHODES DE CONSTRUCTION ET LIGNES DIRECTRICES

5.1. OBJECTIFS GÉNÉRAUX ET COMMENTAIRES

La construction d'un noyau de béton bitumineux est généralement facile et rapide, et le chantier de construction reste propre, avec une bonne vue d'ensemble; toutefois, le contrôle de la qualité doit toujours être mis en œuvre à 100%, en raison de la relativement mince paroi en béton bitumineux construite à l'intérieur du barrage. La machinerie et le matériel utilisés pour la construction de barrages en remblai à noyau de béton bitumineux, ainsi que le personnel, doivent satisfaire aux normes les plus élevées.

Aujourd'hui, les barrages en remblai à noyau de béton bitumineux sont construits dans toutes les conditions atmosphériques, allant de climats froids et humides à des climats très secs et chauds. Les conditions humides et froides peuvent être difficiles et nécessitent des considérations particulières. Dans des conditions climatiques chaudes et arides, le noyau de béton bitumineux restera chaud et visqueux pendant une longue période. Normalement, le béton bitumineux est placé en couches horizontales ayant une épaisseur de 20 à 25 cm après le compactage. Chaque couche est mise en place au-dessus de la précédente, de façon symétrique à la ligne centrale au niveau approprié du barrage. Comme la largeur requise est une exigence minimale, la largeur réellement mise en place sera légèrement supérieure à la valeur théorique, en fonction de la machinerie et de l'expérience de l'entrepreneur.

Lorsqu'il est chaud, le bitume est de consistance visqueuse et fluide, et le filtre fin adjacent au noyau de béton bitumineux doit être mis en place en même temps que le béton bitumineux afin de fournir un support latéral immédiat au noyau. Il ne doit y avoir aucune contamination provenant du matériau des filtres sur ou dans le béton bitumineux mis en place.

Les couches de béton bitumineux fusionnent afin de former un mur continu et homogène à l'intérieur du barrage, sans joint détectable entre les couches. En général, aucune couche d'accrochage n'est requise entre les couches. Si la surface du noyau de béton bitumineux est très contaminée par des fines collantes, une couche d'accrochage peut être envisagée.

Le béton bitumineux conserve la chaleur pendant une longue période, et est donc un matériau très malléable. Il est toujours important de s'assurer qu'aucune humidité ne reste emprisonnée entre les couches, car cela pourrait affaiblir le joint.

Aujourd'hui, toutes les épandeuses modernes utilisées pour le noyau sont dotées d'un radiateur infrarouge à l'avant. Le principal objectif de celui-ci consiste à s'assurer qu'il ne reste pas d'humidité sur la couche de béton bitumineux précédente. L'objectif secondaire est de réchauffer le dessus de la couche de béton bitumineux précédente. La chaleur contenue dans la nouvelle couche de 20 à 25 cm réchauffera suffisamment la surface de la couche précédente pour que les couches fusionnent. L'exigence en matière de température minimale pour la couche précédente et pour le compactage de la nouvelle couche doit être strictement respectée. La situation est très différente lorsque de minces revêtements de béton bitumineux sont mis en place sur les routes et les terrains d'aviation. Dans de tels cas, le mince revêtement ne tardera pas à refroidir si la surface sous-jacente est froide et la température de l'air est peu élevée.

Avec une bonne machinerie et de bonnes procédures, il est possible de mettre en place le noyau dans des conditions moyennement pluvieuses et à des températures aussi basses que 0°C.

Le béton bitumineux à mettre en place est très dense, avec une teneur élevée en bitume, en granulats fins et en filler. Son compactage diffère de celui du béton bitumineux utilisé pour le pavage plus mince de routes, car les granulats atteignent leur configuration idéale par l'entremise de vibrations, respectant ainsi l'exigence principale d'une teneur en vides inférieure à 3%.

5. CONSTRUCTION METHODS AND GUIDELINES

5.1. GENERAL OBJECTIVES AND COMMENTS

An asphalt concrete core construction is generally easy and fast to build, and the construction site is tidy with a good overview, however, quality control must always be implemented at 100% due to the fairly thin asphalt concrete wall built inside the dam. The machinery and equipment used for the ACED construction as well as the employed personnel must fulfill the highest standards.

ACEDs are nowadays built under all various climatic conditions - from cold and wet to very dry and hot climates. Wet and cold conditions can be challenging and require special considerations. In hot and arid climatic conditions, the asphalt concrete core will remain hot and viscous for a long time. The asphalt concrete is normally placed in horizontal layers with a thickness of 20 to 25 cm after compaction. Each layer is placed on top of the previous one symmetrically to the centerline of the appropriate level of the dam. As the specified width is a minimum requirement, the actually placed width will be somewhat wider than the theoretical one, depending on the machinery and the contractor's experience.

When hot, the asphalt is viscous and fluid in consistency and the fine filter zone adjacent to the asphalt concrete core must be placed simultaneously with the asphalt concrete in order to provide the core with an immediate lateral support. There must be no contamination from the filter zone material on or in the asphalt concrete placed.

The asphalt concrete layers melt together to form a continuous and homogeneous wall within the dam with no detectable joints between the layers. Generally, no tack coat is required between the layers. If the surface of the asphalt concrete core is to a great extent contaminated with sticking fines a tack coat can be considered.

Asphalt concrete contains heat for a considerable time and is thus a quite forgiving material. Even so, it is important that moisture is not trapped between the layers since trapped moisture may result in a weakened joint.

Nowadays, any modern paving equipment is made with infrared heating equipment in front of the paving machine. Its main objective is to ensure that no moisture remains on the previously placed asphalt concrete layer. A secondary objective is to warm up the top of the previously placed asphalt concrete layer. The heat contained in the newly placed 20–25 cm layer will warm up the top surface of the previous layer sufficiently for the layers to melt together. The minimum temperature requirement for the previous layer and the minimum temperature requirement for compaction of the new layer must be strictly respected. The situation is very different when placing thin asphalt concrete overlays on road and airfields. In these cases, the thin overlay will fairly soon be cooled down if the underlying surface is cold and the air temperature is low.

With good machinery and placement procedures it is possible to perform core placement during moderate rainy conditions and at low temperatures down to 0°C.

The asphalt concrete to be placed is very dense with a high content of bitumen, fine aggregates and filler. Its compaction differs from the asphalt concrete compaction for thinner road pavements as the aggregates are moved into their ideal configuration through vibration – thus achieving the main requirement of less than 3% void content.

Certaines épandeuses sont dotées de plaques vibrantes pour le compactage initial; néanmoins, même si des plaques vibrantes sont fixées à l'épandeuse, un compactage additionnel à l'aide de pilonneuses manuelles ou de rouleaux vibrants sera nécessaire pour obtenir la teneur en vides requise.

Dans des conditions froides, venteuses ou humides, il est important que le compactage du noyau de béton bitumineux soit effectué rapidement après sa mise en place.

Le matériel de compactage utilisé pour le noyau de béton bitumineux dépendra de la largeur de celui-ci. Le premier compactage derrière l'épandeuse peut être effectué avec des pilonneuses ou des rouleaux compacteurs vibrants. La largeur du rouleau dépasse normalement de 15 à 20 cm celle du noyau mis en place, et par conséquent, il compactera partiellement les bords du filtre adjacent. Le filtre aura besoin d'un compactage plus important que le béton bitumineux dense, et il est par conséquent mis en place en couches plus épaisses que le béton bitumineux. La hauteur supplémentaire dépend beaucoup du type de matériau qui sera utilisé pour le filtre. Lorsque la hauteur supplémentaire est spécifiée, il est extrêmement important que le rouleau ne se contente pas de « rouler » sur le filtre : il doit fournir un compactage suffisant au noyau de béton bitumineux.

Dans le cas de barrages plus élevés dont le noyau de béton bitumineux est de largeur variable, plusieurs rouleaux vibrants de différentes largeurs pourraient être requis pour le compactage, car la largeur du noyau diminue avec la hauteur.

Le compactage des filtres de chaque côté du noyau de béton bitumineux devrait être effectué avec deux rouleaux vibrants fonctionnant en parallèle. Ce mouvement en parallèle est nécessaire, car le noyau de béton bitumineux mou et souple pourrait facilement être déformé horizontalement.

Pendant le compactage des filtres, une force horizontale sera imposée au noyau de béton bitumineux. Le degré de pression horizontale dépend beaucoup du type de matériau qui sera utilisé pour le filtre. Une proportion importante de gravier arrondi induira généralement une pression horizontale plus élevée que la pierre concassée. Il faut s'assurer que le noyau conserve la largeur minimale de conception.

En raison du compactage du matériau des filtres et de la contrainte horizontale imposée au noyau de béton bitumineux, la surface en béton bitumineux pourrait être légèrement convexe après le compactage du noyau et des filtres. Dans un tel cas, de petites fissures longitudinales mineures apparaîtront sur la surface du béton bitumineux. Ce phénomène a été étudié en détail et n'est pas préoccupant. Les petites fissures disparaîtront lorsqu'une nouvelle couche sera mise en place sur le dessus, réchauffant la surface précédente et fusionnant les deux surfaces.

La surface supérieure du noyau de béton bitumineux refroidira relativement rapidement, mais l'intérieur du noyau restera chaud pendant une très longue période. Il faut s'assurer que le noyau de béton bitumineux n'est pas exposé à une charge ou des contraintes horizontales ou verticales. Si les conditions locales exigent le transport perpendiculairement au noyau de béton bitumineux, des ponts mobiles spéciaux doivent être construits à cette fin.

La mise en place manuelle du noyau de béton bitumineux et des filtres sera toujours requise au point le plus bas du barrage, à la connexion avec le socle et vers les appuis. Dans cette région, le béton bitumineux est mis en place dans un coffrage préfabriqué et entre les filtres. Le coffrage est soulevé au fur et à mesure après la mise en place et avant que le compactage commence. Les mêmes exigences en matière de qualité s'appliquent aux zones mises en place manuellement et aux zones mises en place mécaniquement. Dans des conditions froides ou humides, la mise en place manuelle et le compactage doivent être effectués rapidement et sans délai afin de maintenir la température minimale requise pour le compactage.

Some core paving machines are equipped with vibratory plates for the initial compaction, however, even with vibratory plates fixed to the core paving machine, additional hand-held vibratory rammers or vibratory rollers will be required in order to achieve the required void content.

In cold, windy and/or wet conditions, it is important that the initial compaction of the asphalt concrete core is performed in fast succession of the core placement.

The compaction equipment for the asphalt concrete core will depend on the width of the core. The first compaction behind the paver can either be done with vibratory rammers or vibratory rollers. The roller is normally 15–20 cm wider than the placed core and will therefore also partly compact the edges of the adjacent filter zone. The filter zone will require more compaction than the dense asphalt concrete and is accordingly placed in thicker layers than the asphalt concrete. The amount of over-height depends greatly on the type of filter zone material to be used. When specifying the over-height, it is highly important that the roller is not just "riding" on the filter zone – but providing sufficient compaction to the asphalt concrete core.

For higher dams with a varying width of the asphalt concrete core, several rollers with different roller widths may be required for the compaction as the core width decreases with the height.

The compaction of the filter zones on each side of the asphalt concrete core should be performed with two rollers working in parallel. This parallel movement is necessary as the soft and flexible asphalt concrete core can easily be distorted horizontally.

During compaction of the filter zones, a horizontal force will be imposed on the asphalt concrete core. The degree of horizontal pressure depends greatly on the type of the filter zone material. A significant proportion of rounded gravel material will generally induce more horizontal pressure than crushed rock. It must be ensured that the core maintains the minimum designed width.

Due to the compaction of the filter zone material and the horizontal stress imposed on the asphalt concrete core, the asphalt concrete surface may be slightly convex after compaction of the core and the filter zones. If this is the case, minor small longitudinal cracks will occur on the surface of the asphalt concrete. This phenomenon has been studied in detail and is no reason for concern. The small cracks will disappear when a new layer is placed on top, heating up the previous surface and melting them together.

The top surface of the asphalt concrete core will cool down fairly quickly, but the inside of the core will remain warm for a very long time. It must be ensured that the asphalt concrete core is not exposed to any horizontal or vertical loading or stress. If local conditions require that transportation is necessary across the asphalt concrete core, special movable bridges have to be built for such purposes.

Hand placement of the asphalt concrete core and filter zones will always be required at the low point of the dam, near the connection to the plinth and towards the abutments. In such an area, the asphalt concrete is placed inside a pre-arranged formwork and between the filter zones. The formwork is lifted as the zones are placed and compaction commences. The same quality requirements apply for hand placed and for machinery placed areas. Under cold and or wet conditions, hand placement and compaction must be performed in quick succession in order to maintain the minimum required temperature for compaction.

Avant le début des travaux avec le mélange bitumineux, le socle en béton doit être traité correctement afin d'obtenir une bonne adhésion entre celui-ci et le noyau de béton bitumineux. Premièrement, tous les résidus de coulis d'injection doivent être retirés; ensuite, la mince couche de ciment couvrant les granulats de béton en surface doit être enlevée. Plusieurs méthodes sont possibles pour y arriver, mais le décapage au jet de sable est préférable, car il laisse une surface relativement rugueuse et est écologique.

Le socle en béton une fois préparé doit être recouvert d'une mince couche de mastic d'asphalte afin d'obtenir une bonne adhésion entre le béton et le noyau de béton bitumineux. Avant le début de cette procédure, il faut s'assurer que le béton a complètement durci. La surface doit être propre, complètement sèche et chauffée par des brûleurs au propane avant l'application du mastic d'asphalte. Par conséquent, ce type de travail ne peut pas être effectué pendant des précipitations.

Pour obtenir une bonne adhésion avec le béton, du bitume dilué est généralement pulvérisé sur la surface du béton. Une fois que le solvant dans le bitume dilué est complètement volatilisé, une couche de mastic d'asphalte de 1 à 2 cm d'épaisseur est mise en place. Un additif au mastic d'asphalte ou le traitement de la surface en béton pourrait s'avérer nécessaire.

Lorsque le béton bitumineux chaud est mis en place sur cette couche, le mastic d'asphalte sera liquéfié et fusionnera avec le béton bitumineux mis en place dessus. Le béton bitumineux dans la section du joint sera donc plus riche en bitume et en fines et agira comme couche de relaxation de contrainte.

5.2. HISTORIQUE DE LA TECHNOLOGIE DE CONSTRUCTION DES NOYAUX DE BÉTON BITUMINEUX

Le premier barrage en remblai avec béton bitumineux mis en place et compacté mécaniquement, le barrage Kleine Dhünn, a été construit en Allemagne en 1962. La conception du noyau de béton bitumineux a été choisie après des recherches et des tests de pratique exhaustifs, effectués pour la plupart par Strabag Bau-AG. En raison des très bons résultats obtenus, plusieurs barrages avec noyau central de béton bitumineux ont été construits assez rapidement par la suite, comme le barrage Bremge (1962) et le barrage Bigge Outer (1963) en Allemagne, et le barrage Eberlaste (1968) en Autriche. En ce qui concerne le barrage Eberlaste, il faut mentionner que le tassement total a atteint 2,40 mètres en raison de déformations importantes du sous-sol. Toutefois, l'étanchéité du noyau de béton bitumineux n'a pas été affectée.

Jusque-là, tous les noyaux bitumineux étaient de taille faible à moyenne. La percée pour les barrages élevés avec noyau de béton bitumineux est arrivée à Hong Kong en 1973, avec les barrages de 100 mètres de hauteur du High Island Water Scheme. Après cette percée, d'autres barrages élevés ont été construits en Autriche et en Allemagne avec un noyau central de béton bitumineux, tels que le barrage Finstertal (1979), le barrage Grosse Dhuenn (1980) et le barrage Schmalwasser (1991).

Le barrage Danghe, le premier barrage à noyau de béton bitumineux en Chine, a été construit en 1973 par une entreprise de construction locale. Le premier BENBB en Norvège, le barrage Vestredal, a été construit en 1980. D'autres barrages ont été construits à Hong Kong, au Chili et au Japon pendant la même période.

Pendant la deuxième partie des années 1990, le nombre de barrages à noyau de béton bitumineux construits a augmenté considérablement. Une très grande partie de cette augmentation était attribuable à l'activité de construction en Chine. Au Québec, Canada, le premier BRNBB a été construit en 2008, et le Brésil a suivi avec son premier BENBB en 2010.

Grâce aux bonnes expériences avec ces barrages et à leur bon rendement, la hauteur des barrages à noyau de béton bitumineux a également augmenté. Parmi les jalons importants, on peut citer le noyau de béton bitumineux de 100 mètres de hauteur du barrage Finstertal en Autriche, achevé en 1980, le barrage Storglomvatn de 128 mètres de hauteur, en Norvège et le barrage Yele de 125 mètres de hauteur, en Chine. Aujourd'hui, la conception et la construction de nouveaux projets, dont la hauteur s'approche des 200 mètres, sont en cours.

Before asphalt work commences, the concrete plinth must be properly treated in order to achieve a good bond between the concrete plinth and the asphalt concrete core. First, all grouting spills must be removed; thereafter, the thin cement film covering the concrete aggregates at the surface must be removed. This can be achieved by various methods, but jet blasting or sand blasting is considered preferable as it also leaves a fairly rough surface, and it is environmentally friendly.

The prepared concrete plinth must be covered with a thin layer of asphalt mastic to ensure a good bond between the concrete and the asphalt concrete core. The concrete must be fully cured before this procedure commences. The surface must be cleaned, completely dry and heated by propane burners before the asphalt mastic is applied. Therefore, this type of work cannot be performed during precipitation.

To secure a good bond (adhesion) to the concrete, dilute bitumen is commonly sprayed on the surface of the concrete. After the solvent in the dilute bitumen is fully volatilized a layer of 1 to 2 cm thick asphalt mastic is placed. An additive to the asphalt mastic or treatment of the concrete surface may be required.

When the hot asphalt concrete is placed on top, the asphalt mastic will be liquefied and melt into the asphalt concrete placed on top. The asphalt concrete in the joint area will therefore be richer in bitumen and fines and act as a stress relieving layer.

5.2.   HISTORY OF ASPHALT CONCRETE CORE CONSTRUCTION TECHNOLOGY

The first embankment dam with machine placed and compacted asphalt concrete, the Kleine Dhünn Dam, was built in Germany in 1962. The asphalt concrete core design was chosen after extensive research and practice tests - most of them performed by Strabag Bau-AG. Based on the very good results obtained, additional dams with central asphalt concrete cores followed in quick succession such as the Bremge Dam (1962) and Bigge Outer Dam (1963) in Germany and the Eberlaste Dam (1968) in Austria. With regards to the Eberlaste Dam, it should be mentioned that the total settlement of the dam was 2.40 m due to significant subsoil deformations. However, the water tightness of the asphalt concrete core was unaffected.

All bituminous cores so far were of minor to medium size. The breakthrough for high dams with asphalt concrete cores came in Hong Kong in 1973 with the 100 m high dams of the High Island Water Scheme. After this breakthrough other high dams in Austria and Germany were constructed with an asphalt concrete core such as the Finstertal Dam (1979), the Grosse Dhuenn Dam (1980) and the Schmalwasser Dam (1991).

Danghe Dam, the first asphalt concrete core dam in China, was built in 1973 by a local construction company. The first ACRD in Norway, the Vestredal Dam, was built in 1980. Other dams were built during the same period in Hong Kong, Chile and Japan.

During the second part of the 1990s, there has been a considerable increase in asphalt concrete core dams being built. A very large part of this increase was due to the construction activity in China. In Quebec, Canada, the first ACED was built in 2008 and Brazil followed with their first ACRD in 2010.

Due to the good experiences and performance of these dams, the height of AC dams also increased. Major milestones were the 100 m high asphalt concrete core at Finstertal Dam in Austria, completed in 1980, the 128 m high Storglomvatn Dam in Norway and the 125 m high Yele Dam in China. Today, new projects approaching a height of 200 m are under design and construction.

Les avantages et les raisons économiques du choix d'une conception de BRNBB varient considérablement d'un endroit à l'autre.

La majorité des barrages en enrochement allemands construits avant les années 1960 avaient un noyau d'argile imperméable. Après les essais réussis des noyaux de béton bitumineux au barrage Dhünn et au barrage Bremge, cette méthode de construction a été utilisée de plus en plus, car ses avantages sont évidents :

- Courte période de construction

- Plus ou moins indépendant de la température

- Indépendant des sources locales d'argile naturelle

- Mise en eau possible pendant la construction

Plusieurs barrages en Autriche ont été construits en remblai, avec des noyaux en moraine ou en argile limoneuse, à des altitudes plus basses. Parmi les principales raisons de la sélection d'un noyau de béton bitumineux, on peut citer la courte saison de construction à des altitudes élevées dans les Alpes, la quantité limitée de matériaux appropriés et moins perméables pour les barrages de type classique, les conditions météorologiques dans les régions montagneuses, avec de fortes pluies et des conditions changeantes qui rendent difficile la mise en place de matériaux imperméables comme la moraine et d'autres matériaux fins en tant que noyau.

En Norvège, la grande majorité des barrages sont en remblai avec un noyau de moraine. Avec les nouveaux barrages dans les régions montagneuses où la moraine n'était pas disponible, d'autres conceptions ont dû être évaluées, et le BRNBB a été choisi. Quelques-uns des avantages majeurs reconnus :

- Dans les régions montagneuses, la saison de construction est courte et le climat est souvent humide et froid. Des BRNBB peuvent être construits dans de telles conditions, le calendrier des travaux peut être raccourci et la saison de construction peut être prolongée.

- Le réservoir peut être rempli au fur et à mesure que la construction avance.

Au Québec, Canada, la grande majorité des barrages déjà construits étaient en remblai avec un noyau de moraine. Dans les nouvelles régions où la moraine n'était pas disponible, une conception à noyau de béton bitumineux a été choisie pour des raisons semblables à celles de la Norvège.

Au Brésil, les barrages étaient principalement en terre ou en enrochement à parement en béton. La durée de la construction entre l'attribution du contrat et le début de la génération d'électricité est d'une importance majeure en raison du coût d'investissement élevé pour le groupe d'investisseurs, car la plupart des projets hydroélectriques sont des projets de construction, d'exploitation et de transfert. Par conséquent, une certaine méthode a été développée dans laquelle la construction est effectuée très rapidement, les travaux étant effectués sur deux ou trois quarts de travail. Bon nombre de régions du Brésil sont également caractérisées par de fortes précipitations qui causent des délais pour certains types de barrages. Bien que des matériaux soient disponibles pour le remblai, les BRNBB se sont avérés être une solution économique au Brésil, en raison de la grande vitesse de construction, même dans les régions qui connaissent de fortes précipitations.

La technique de mise en place de base a généralement été maintenue, bien que la machinerie ait connu des améliorations considérables au fil des ans.

The advantages and economic reasons for choosing an ACED design vary considerably from location to location.

The majority of the German rockfill dams built before the 1960s had an impervious clay core. After the successful attempts with asphalt concrete cores at the Dhünn Dam and the Bremge Dam this construction method was increasingly used as its benefits are evident:

- Short construction period

- More or less weather independent

- Independent from local natural clay sources

- Possible impoundment during construction

Several dams in Austria have been built as embankment dams with moraine or silty clay cores on lower elevations. Some of the main reasons for selecting asphalt concrete cores were the short construction season on high elevations in the Alps, the limited quantity of suitable and less permeable materials for classic dam types, the weather conditions in mountainous regions together with heavy rainfall and difficult random conditions for placing impervious materials like moraine and other fine-grained materials as a core.

In Norway, the big majority of dams were embankment dams with a moraine core. With new dams in the mountainous regions where moraine was not available, alternative design had to be evaluated and ACED design was chosen. Some of the major proven benefits are:

- The construction season in the mountainous regions is short and the climate often wet and cold. ACEDs can be constructed under such conditions and the construction schedule can be shortened and the construction season can be prolonged.

- The reservoir can be filled as the construction proceeds.

In Quebec, Canada, the majority of dams previously built were embankment dams with a moraine core. In new areas where moraine was not available, asphalt concrete core design was chosen for much of the same reasons as in Norway.

Dams in Brazil were mostly earth fill embankment dams or CFRDs. The construction time period from the time the contract is awarded to power generation commences is of major importance due to the high investment cost incurred by the investor group as most of the hydropower projects are BOT projects. Therefore, a certain approach has been developed whereby construction is very fast with work being performed on two or three shifts. Many parts of Brazil are also characterized by high precipitation that causes delay for some dam types. Although there is earth fill material available, ACEDs have proven to be an economical alternative in Brazil because of the fast rate of construction even in areas with high precipitation.

The initially used basic placement technique has been generally maintained, though the machinery has undergone considerable improvements over the years.

5.3. MATÉRIEL

5.3.1. Centrale d'enrobage

Généralités

Le béton bitumineux pour les BRNBB doit être produit conformément aux normes les plus strictes, et toute variation éventuelle doit toujours respecter les tolérances spécifiées. Cela nécessite des critères stricts pour le type et la fiabilité requise de la centrale d'enrobage elle-même, ainsi que pour les variations relatives aux granulats, à la production d'asphalte, au contrôle de la température et aux limites de température liées à la catégorie de bitume, tout en tenant compte des conditions climatiques. De plus, l'asphalte produit pour une route ou un aéroport et mis en place sur ceux-ci peut facilement être enlevé en cas d'erreur pendant la production. L'enlèvement et les réparations sont beaucoup plus difficiles sur un BRNBB si la production défectueuse n'a pas été remarquée immédiatement après la mise en place du béton bitumineux.

En principe, il existe deux types principaux de centrales d'enrobage. Dans les centrales du type dosage ou « à gâchée », les différents granulats sont criblés de nouveau après le chauffage et pesés séparément dans le malaxeur, avec le bitume et le filler requis. Les autres types sont les centrales d'enrobage en continue ou tambours-sécheurs-enrobeurs, où les différents granulats sont chargés par poids ou par volume dans le tambour de chauffage et de malaxage. Il n'y a pas de criblage à la centrale d'enrobage, et la pesée a lieu avant le chauffage des granulats. Les tambours-sécheurs-enrobeurs sont principalement utilisés pour les productions importantes en continue, et l'exactitude du mélange dépend des granulats qui respectent des tolérances strictes.

Sur les BRNBB, la production quotidienne sera faible, avec des départs et des arrêts fréquents, lors du début des travaux au début du barrage. Au fur et à mesure que le barrage s'élève, la production deviendra progressivement plus continue et augmentera.

Pour les BRNBB, des centrales de dosage (à gâchée) devraient être spécifiées afin d'obtenir un contrôle suffisant du béton bitumineux produit. Les centrales d'enrobage en continue fournissent une gamme plus large de produits de béton bitumineux que les centrales de dosage, et elles ne conviennent pas aussi bien que ces dernières.

Le béton bitumineux utilisé pour les BRNBB est riche en bitume, en granulats fins et en filler. Par conséquent, le temps de malaxage doit être augmenté par rapport au temps de malaxage normal utilisé pour le bitume routier. Les dépliants des fournisseurs des centrales de dosage calculent habituellement leur capacité de production sur un cycle de malaxage de 45 secondes. Pour ce type de béton bitumineux, il est recommandé d'augmenter la durée du cycle, par exemple à 60 secondes, en fonction des conditions locales. Cela pourrait réduire la capacité d'environ 33%.

En raison de la quantité très élevée de granulats fins (environ 50% ≤ 4 mm), la capacité de tamisage de la centrale d'enrobage devient souvent le facteur critique pour la production. Les centrales d'enrobage pour les BRNBB doivent avoir une capacité de tamisage plus élevée que celles utilisées pour les travaux routiers.

Exigences relatives aux centrales d'enrobage

Capacité de la centrale d'enrobage :

- La centrale d'enrobage doit normalement pouvoir mettre en place au moins trois couches par jour à n'importe quel niveau du barrage. Le nombre d'heures de travail par jour doit être pris en considération, car la production ne sera pas continue.

- La capacité de production du tambour de chauffage dépend en grande partie de la teneur en humidité des granulats. La fraction de fines (moins de 4 mm) en particulier absorbe une grande quantité d'humidité si elle n'est pas protégée contre la pluie, et dans les endroits où les précipitations sont fréquentes, elle devrait être recouverte.

5.3. EQUIPMENT

5.3.1. *Asphalt mixing plant*

General

Asphalt concrete for ACEDs must be produced at the highest possible standards and any variations must always be within the specified tolerances. This entails strict criteria for the type and accuracy of the asphalt mixing plant itself and the variations in the aggregates for asphalt production as well as the temperature control and the temperature limits related to the bitumen grade also considering the climatic conditions. Furthermore, asphalt produced for and placed on a road or airfield can quite easily be removed if there has been a fault in production. Potential removal and repair is considerably more troublesome on an ACED if the faulty production is not noticed immediately after the asphalt concrete was placed.

There are in principle two major types of asphalt mixing plants. Asphalt batch plants where the various aggregates are re-screened after heating and weighed separately into the mixer together with the required bitumen and filler. The other types are continuous asphalt mixing plants or drum mixers where the various aggregates are loaded by weight or volume directly into the heating and mixing drum. There is no screening at the asphalt mixing plant and the weighing is done before the aggregates are heated. Continuous drum mixers are mostly used for large continuous productions and the mix accuracy depends on aggregates that are within strict tolerances.

On ACEDs, daily production will be low with frequent start and stops when work commences at the bottom of the dam. As the dam rises, production will gradually be more continuous with increased production.

For ACEDs, asphalt batch mixing plants should be specified in order to have sufficient control of the produced asphalt concrete. Continuous mixing plants deliver asphalt concrete products in a wider range compared to batch mixing plants and they are not as suitable as batch plants.

Asphalt concrete for ACEDs is rich in bitumen, fine aggregates and filler. Therefore, the mixing time must be increased compared to the regular mixing time for road asphalt. Company leaflets from various asphalt batch mixing plant suppliers usually base the production capacity on a mixing cycle of 45 seconds. For this sort of asphalt concrete, it is recommended that the cycle is increased, for example to 60 seconds, depending on local conditions. This could reduce the capacity by approximately 33%.

Due to the very high quantity of fine aggregates (approximately 50% $\leq$ 4 mm), the screening capacity at the asphalt mixing plant often becomes the critical production factor. Asphalt mixing plants for ACEDs should have a higher screening capacity than those used for road works.

Requirements of asphalt mixing plant

Asphalt mixing plant capacity:

- The asphalt mixing plant should normally have a capacity of placing at least three layers per day at any level of the dam. The number of working hours per day should be considered carefully as production will not be continuous.

- The production capacity of the heating drum depends to a great extent on the moisture content in the aggregates. The fine fraction (less than 4 mm) especially absorbs a high quantity of moisture if unprotected towards rain and should be covered on locations where precipitation is frequent.

Silos d'alimentation à froid pour les granulats de béton bitumineux :

- En général, les granulats sont concassés, ou un mélange de sable/gravier concassé et naturel est utilisé. Les granulats concassés devraient être préparés avec un minimum de quatre fractions et chargés dans des silos distincts. Si du sable naturel est ajouté, un silo supplémentaire est requis.

- Le processus de concassage et de tamisage devrait faire l'objet d'un contrôle de la qualité serré. La courbe granulométrique des différentes fractions produites dépendra des concasseurs et de leur usure, particulièrement si le tamisage a été effectué par temps sec ou pluvieux. Des variations dans la courbe granulométrique causeront des problèmes et nécessiteront des ajustements pendant la production à la centrale d'enrobage.

Filtre à poussière et micro-filtre :

- Le mélange de béton bitumineux utilisé pour les BRNBB contient environ 10 à 15% de filler (matériaux ≤ 0,063 mm selon les normes européennes ou ≤ 0,075 mm, tamis n° 200 selon les normes américaines). Cela est fourni par le filler contenu dans les granulats et celui provenant d'une source externe.

- Pour extraire le filler des granulats, la centrale d'enrobage devra être dotée d'un filtre à sac gonflable au travers duquel le filler est évacué à la sortie du tambour de chauffage. Un bon système de filtres à sac gonflable est économique, car il réduit l'achat de filler provenant d'une source externe et il est respectueux de l'environnement.

Silos de filler :

La centrale d'enrobage devrait être dotée de deux silos de filler : un pour le filler extrait du filtre à sac gonflable et l'autre pour le filler de source externe. Le mélange de béton bitumineux est sensible au type de filler utilisé et il doit donc y avoir un pesage distinct à l'arrivée de chaque silo.

Tamis et silos de stockage chaud pour les granulats chauffés :

Les granulats sont tamisés après avoir été chauffés dans le tambour de chauffage. Il est recommandé que les tamis produisent au minimum les fractions suivantes de granulats :

- 0 à 3 mm (0 à 4 mm)

- 3 (4) à 8 mm

- 8 à 11 mm

- 11 à 16 mm (18 mm)

Les dimensions de tamisage peuvent varier selon les normes nationales :

Une fraction supplémentaire d'une taille inférieure à 2 mm permettra d'obtenir un meilleur contrôle granulométrique du béton bitumineux. Cependant, la fraction de fines plus petites nécessitera une surface de tamisage plus grande à la centrale d'enrobage.

Malaxeur :

La sélection du malaxeur dépend du poids en kg qu'il est capable de malaxer. La capacité de malaxage par heure est un multiple de la taille du malaxeur multiplié par le nombre de cycles par heure.

Silo de stockage chaud du mélange de bitume :

Pour bénéficier d'une alimentation continue lorsque le barrage en a besoin, la centrale d'enrobage devrait être dotée d'un petit silo de stockage chaud du produit. Ce silo permettra également de réduire le nombre « de début et d'arrêt » de la centrale d'enrobage et les déchets de production, et produira un mélange de béton bitumineux plus homogène.

Cold feed silos for asphalt concrete aggregates:

- Aggregates are normally crushed, or a mixture of crushed and natural sand/gravel is used. The crushed aggregates should be prepared at a minimum of four fractions and loaded in separate silos. If natural sand is added, an additional silo is required.

- The crushing and screening process should be subjected to close quality control. The grading curve for the various fractions produced will depend on the crushers and their wear and especially if screening has been performed in dry or rainy conditions. Variations in the gradation curves will cause difficulties and necessitate adjustment during production at the asphalt plant.

Dust and Micro Filter:

- The asphalt concrete mix for ACED dams contains approximately 10–15% filler (material ≤ 0.063 mm – European Standards or ≤ 0,075mm, sieve #200 – US Standards). This is provided by the filler in the aggregates and filler supplied from an outside source.

- To extract the filler from the aggregates, the asphalt mixing plant will need to be equipped with an airbag filter through which the filler is exhausted from the heating drum. A good airbag filter system is economical as it reduces the purchase of filler from an outside source, and it is beneficial to the environment.

Filler silos:

The asphalt plant should be equipped with two filler silos, one for filler extracted from the airbag filter and one for external filler. The asphalt concrete mix is sensitive to the type of filler used, and accordingly there should be separate in-weighting from each silo.

Screens and hot storage silos for the heated aggregates:

The aggregates are screened after heating in the heating drum. It is recommended that the screens at least produce the following aggregate fractions:

- 0–3 mm (0–4 mm)

- 3 (4) – 8 mm

- 8–11 mm

- 11–16 (18 mm)

Screening dimensions may vary with national standards:

An additional fraction of less than 2 mm will achieve better gradation control of the asphalt concrete. But smaller fine fraction will require a bigger screen surface at the asphalt plant.

Mixer unit:

The mixer unit selection depends on the amount of weight (kg) it is capable of mixing. The mixing capacity per hour is a multiple of the mixer size multiplied with the number of cycles per hour.

Hot storage asphalt mix silo:

In order to have a continuous supply when required at the dam, the asphalt plant should be equipped with a small hot storage silo. The silo will also reduce the number of "starts and stops" at the asphalt plant, reduce production waste and secure a more homogeneous asphalt concrete mix.

Contrôle de la qualité :

- Un imprimé d'ordinateur pour tous les composants de chaque fournée produite est recommandé. Cela permet à l'opérateur de contrôler toutes les quantités pour chaque fournée et de vérifier si un malaxage a été défectueux. De plus, l'exactitude de la centrale d'enrobage peut être surveillée tous les jours.

- Les centrales d'enrobage modernes sont dotées d'un signal d'alarme ou d'avertissement en cas de défaut dans le pesage vers le malaxeur.

- Des procédures d'exploitation spéciales pour la centrale d'enrobage devraient être suivies dans les régions froides ou humides.

5.3.2. *Épandeuses*

A) Matériel allemand (STRABAG International GmbH)

L'expérience initiale a été acquise au début des années 1960 avec une boîte de remorquage tirée par un bouteur, le mélange chaud étant fourni par une grue. Le compactage était effectué par la suite au moyen de plaques vibrantes et de petits rouleaux compacteurs pour la compaction finale (1re génération).

Le matériel utilisé pour la mise en place des premiers noyaux de béton bitumineux a été développé peu après (2e génération). Le matériau de transition était mis en place avant le béton bitumineux en étant basculé sur un nez en forme de toit monté à l'extrémité avant de la machine utilisée pour la mise en place du noyau. De là, il est distribué latéralement, vers la gauche et la droite, et nivelé par une plaque d'extrusion qui suivait. Une trémie pour le béton bitumineux est située derrière la plaque d'extrusion. À partir de cette trémie, le béton bitumineux atteint ensuite l'espace libre formé par le nez susmentionné. Le coffrage du nez se termine derrière l'arbre d'alimentation du béton bitumineux afin de permettre à celui-ci de s'imbriquer dans le matériau de la zone de transition. Le matériau de la zone de transition et le noyau de béton bitumineux sont compactés par un groupe de plaques vibrantes situées à l'arrière de la machine utilisée pour la mise en place du noyau. Avec le développement répété du matériel de mise en place et de finition décrit dans le paragraphe précédent, il était possible d'acquérir de l'expérience avec les différentes formes géométriques des noyaux et les conditions de mise en place. Une nouvelle machine de mise en place de noyaux, représentant les règles de l'art actuelles, a été développée en se basant sur ces connaissances (voir les figures 5.1 et 5.2, épandeuses de 3e génération).

Il y a un dispositif de chauffage infrarouge couvert à hauteur ajustable à l'avant de l'épandeuse. L'unité de mise en place du noyau fonctionne sur des chenilles orientables à l'avant et sur des roues à l'arrière. La trémie du mélange de béton bitumineux est située entre les chenilles avant de l'épandeuse et le coffrage du noyau commence juste sous la trémie. Le positionnement de l'axe du matériel permet de s'assurer que chaque couche est mise en place sur l'axe du noyau.

La trémie pour le matériau des filtres est située immédiatement derrière la trémie du béton bitumineux et est supportée à l'arrière par deux roues en caoutchouc orientables. Les roues roulent sur le filtre nouvellement mis en place et effectuent un premier compactage léger.

Le béton bitumineux sort de la trémie entre le coffrage et est nivelé à l'épaisseur de mise en place. Un précompactage du noyau de béton bitumineux est effectué en utilisant la plaque vibrante de nivellement dont la fréquence et l'amplitude sont ajustables. Le matériau sortant de la trémie du matériau des filtres s'écoule à la droite et à la gauche du noyau installé. La surface du noyau est protégée par une plaque en acier. Un mur de séparation dans le godet permet de mettre en place différents matériaux sur le parement aval et le parement amont du noyau, au besoin.

Il y a une porte coulissante à l'extrémité de la trémie du matériau des filtres. Une unité de contrôle électronique veille à ce que le matériau des filtres soit mis en place avec la bonne hauteur.

Un groupe de plaques vibrantes à l'arrière de l'épandeuse fournit le compactage initial du noyau et des filtres adjacents. Le compactage final est effectué par deux rouleaux compacteurs vibrants, tant pour le noyau de béton bitumineux que pour les filtres.

Quality control:

- A computer printout for all components of each batch produced is recommended. This enables the operator to control all quantities for each batch and to check whether a mix has been faulty. Further, the accuracy of the asphalt plant can be daily monitored.

- Modern asphalt mixing plants are equipped with an alarm or warning signal for any fault in the weighing to the mixer.

- Special operating procedures for the asphalt plant should be taken in cold and/or humid regions.

5.3.2. Core paving equipment

A) German equipment (STRABAG International GmbH)

Initial experience was gained in the early 1960's using a towing box pulled by a bulldozer with a crane supplying the hot mix. Compaction was carried out subsequently by means of vibratory plates with small rollers for the final compaction (1st generation).

The equipment used to place the earlier constructed asphalt concrete cores was developed shortly afterwards (2nd generation). The transition material was placed before the asphalt concrete by being tipped onto a roof-shaped nose mounted at the front end of the core placing machine. From there it is laterally distributed to the left and right and leveled by a screed following behind. A hopper for the asphalt concrete is located behind the screed. From this hopper the asphalt concrete then reaches the free space formed by the above-mentioned nose. The nose formwork ends behind the feed shaft for the asphalt concrete to allow the asphalt concrete to interlock with the transition zone material. Both transition zone material and the asphalt concrete core are compacted by a group of vibratory plates at the rear end of the core placing unit. With the repeated development of the placing and finishing equipment described in the previous paragraph, experience could be gained both with the various geometrical shapes of the cores and placing conditions. A new core placing machine representing the current state of the art has been developed on the basis of this knowledge (see Figures 5.1 and 5.2, 3rd generation paving equipment).

There is a height-adjustable, covered infrared heating device on the front of the paver. The core placing unit runs on steerable crawlers in the front and on wheels in the rear. The hopper for the asphalt concrete mix is situated between the front crawlers of the paver and the formwork of the core starts just underneath the hopper. The equipment axis layout ensures that each layer is placed on the core axis.

The hopper for the filter zone material is situated directly behind the asphalt concrete hopper and supported at the back by two steerable rubber wheels. The wheels run on the newly placed filter zone and effect a light initial compaction.

The asphalt concrete is dropped out of the hopper between the formwork and is leveled to placing thickness. A pre-compaction of the asphalt concrete core is achieved by using the tamping bar with adjustable frequency and amplitude. Material from the filter material hopper flows to the right and left of the installed core. The surface of the core is protected by a steel plate. A dividing wall in the bucket enables different filter materials to be placed on the upstream and downstream faces of the core, if required.

There is a slide gate at the end of the filter zone material hopper. An electronic control unit ensures that the filter zone material is placed with the correct height.

A group of vibratory plates in the rear of the core paving machine provides the initial compaction to the core and the adjacent filter zones. The final compaction is achieved with double vibratory rollers for both asphalt concrete core and filter zones.

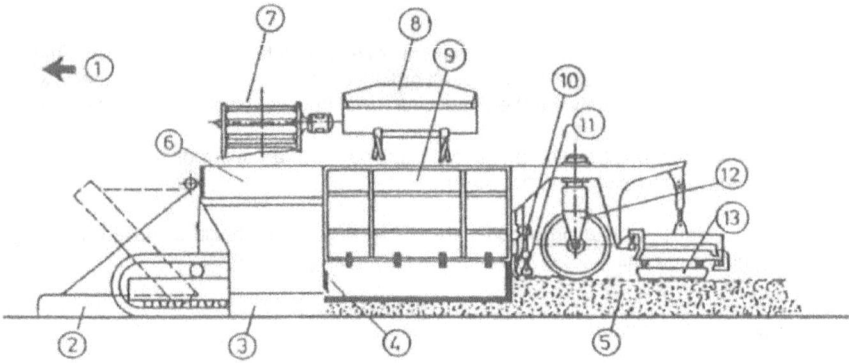

Fig. 5.1
Appareil de mise en place du noyau, 3e génération, système STRABAG

(1) Direction de mise en place.
(2) Caisson de chauffage.
(3) Coffrage en plaques d'acier.
(4) Niveleur réglable pour l'épaisseur du béton bitumineux mis en place.
(5) Matériau des filtres.
(6) Trémie de mélange bitumineux.
(7) Courroie transporteuse à chaîne pour le mélange bitumineux.
(8) Matériel de chargement du matériau des filtres.
(9) Trémie pour le matériau des filtres.
(10) Barre de mise de niveau pour le matériau des filtres.
(11) Unité de précompactage du béton bitumineux.
(12) Roues à pneus en caoutchouc.
(13) 3 plaques vibrantes (plaque centrale chauffée).

Fig. 5.2
Appareil de mise en place STRABAG, 3e génération avec plaques de pré compactage

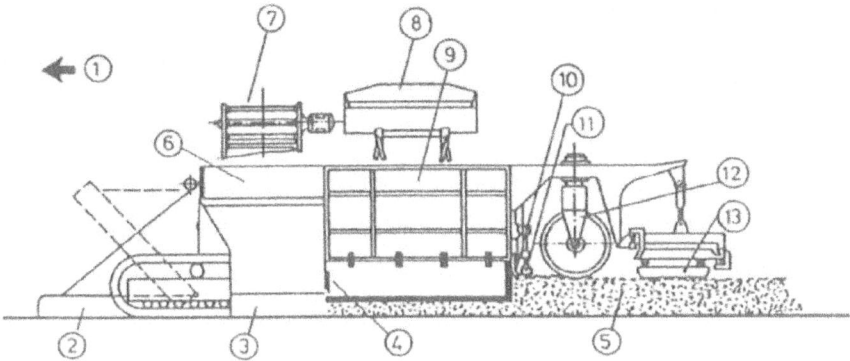

Fig. 5.1
Core Placing Unit, 3rd Generation, Strabag System

(1) Placing direction.
(2) Heating channel.
(3) Steel plate formwork.
(4) Adjustable leveler for asphalt concrete placing thickness.
(5) Filter zone material.
(6) Bituminous mix hopper.
(7) Chain drag conveyor belt for the bituminous mix.
(8) Loading equipment for filter material.
(9) Hopper for filter material.
(10) Leveling bar for filter material.
(11) Pre-compaction unit for asphalt concrete.
(12) Rubber tire wheels.
(13) 3 vibratory plates (middle plate heated).

Fig. 5.2
STRABAG Placing unit 3rd generation with pre-compacting plates at paving works

B) Matériel norvégien (VEIDEKKE INDUSTRI A.S.)

Le matériel est utilisé depuis 1983 et a été amélioré au fur et à mesure de l'expérience acquise. Au fil des ans, il s'est avéré très simple et robuste.

Le principe du matériel VEIDEKKE est illustré dans les figures 5.3 et 5.4.

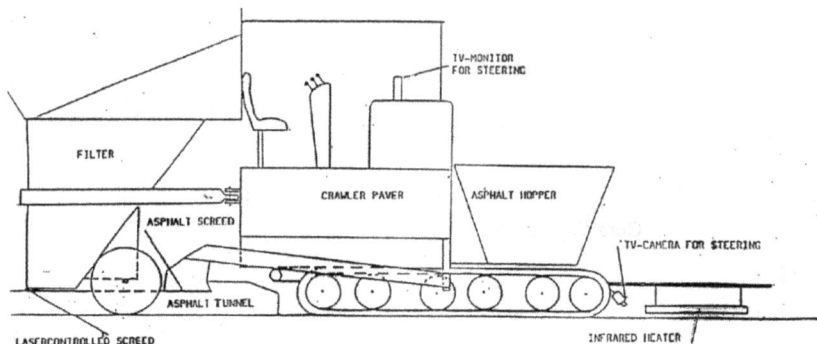

Fig. 5.3
Principe de l'épandeuse VEIDEKKE

L'épandeuse est composée de deux parties distinctes qui sont interreliées : l'unité de mise en place du noyau de béton bitumineux et l'unité de mise en place des filtres de chaque côté du noyau. Les deux unités roulent sur les couches du filtre déjà mises en place.

L'unité de mise en place du noyau de béton asphaltique est une épandeuse standard de béton bitumineux modifiée qui met en place le béton bitumineux et les filtres simultanément. L'épandeuse peut mettre en place du béton bitumineux et du matériau filtre jusqu'à une épaisseur de 30 cm après le compactage.

À l'avant, la machine est dotée d'un chauffage à infrarouge au propane dont la largeur peut être ajustée en fonction de celle du noyau.

Un fil en acier est fixé sur la ligne centrale pour chaque couche. La caméra de télévision fixée à l'avant de la machine et un moniteur situé dans la cabine permettent à l'opérateur de diriger la machine de façon précise, en suivant le fil.

Le béton bitumineux chaud provenant de la centrale d'enrobage est chargé dans la trémie de béton bitumineux par une chargeuse montée sur roues dotée d'un silo hydraulique. Le béton bitumineux est mis en place sur la bonne largeur par la plaque d'extrusion de béton bitumineux et il est dirigé au travers d'un tunnel où le filtre est mis en place de chaque côté. Le matériau des filtres est chargé dans cette unité par une excavatrice. Le niveau est contrôlé automatiquement par laser.

La largeur de la plaque d'extrusion qui met en place le noyau de béton bitumineux peut être fixe ou flexible pour les barrages de plus grande hauteur, allant de 1,3 mètre (ou plus) à 0,5 mètre. Dans ce dernier cas, la largeur du noyau de béton bitumineux peut être ajustée progressivement, conformément à la conception. La largeur des filtres peut être ajustée en même temps que la largeur du noyau de béton bitumineux.

Dans les régions froides ou à fortes précipitations, un toit amovible est situé au-dessus de la trémie de béton bitumineux.

B) Norwegian equipment (Veidekke Industri A.S.)

The equipment has been in use since 1983 and undergone improvements as experience has been gained. Over the years it has been proven to be very simple and robust.

The Veidekke equipment is shown in principle in Figures 5.3 and 5.4.

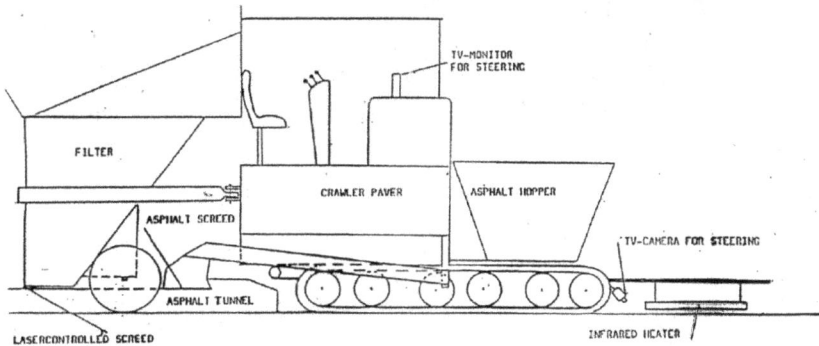

Fig. 5.3
Principle of VEIDEKKE Core paving machine

The core paving machine consists of two separate parts which are connected to each other - the asphalt concrete core unit and the unit for placing the filter zones on each side of the core. Both units run on the previously placed filter zone layers.

The asphalt concrete core unit is a modified standard asphalt concrete paver placing the asphalt concrete and filters zones simultaneously. The core paving machine is able to place asphalt concrete and filter zone up to 30 cm after compaction.

In the front, the machine is equipped with an infrared propane heater that can be adjusted in width according to the core width.

A steel string is placed in the center line for each layer. The TV camera mounted in front of the machine and a TV monitor inside the cabin enables the operator to steer the machine with precision following the course of the string.

The hot asphalt concrete from the asphalt mixing plant is loaded into the asphalt concrete hopper by a wheel loader fitted with a hydraulic operated silo. The asphalt concrete is placed by the asphalt concrete screed to the correct width and led through a tunnel where the filter zone is placed on each side. The filter zone material is loaded into that unit by an excavator. The level is automatically controlled by laser.

The width of screed placing the asphalt concrete core can be either fixed or on higher dams flexible from a width of 1.3 m (or more) to 0.5 m. In the latter case, the width of the asphalt concrete core can gradually be adjusted according to the design. The width of the filter zones can be adjusted together with the width of the asphalt concrete core.

In cold areas and/or in areas with high precipitation, the machine is equipped with a moveable roof over the asphalt concrete hopper.

Fig. 5.4
Épandeuse VEIDEKKE à l'œuvre, barrage Jirau, Brésil, 2012

C) Matériel chinois

La Chine a commencé à construire des noyaux de béton bitumineux pour les barrages en remblai au début des années 1970. Les noyaux de béton bitumineux pour les barrages précédents étaient construits manuellement, avec la mise en place manuelle du béton bitumineux dans un coffrage. La mise en place par des machines modernes a commencé en 1997, avec du matériel fabriqué en Chine. La première épandeuse relativement simple était tirée par une unité distincte, et le matériau des filtres était chargé manuellement dans le coffrage qui faisait partie de l'épandeuse.

Plus tard, une épandeuse plus moderne a été développée, mais l'unité chinoise de mise en place du noyau de béton bitumineux fonctionne sur des roues et non sur des chenilles. D'autres modifications ont été apportées par la suite, par exemple en combinant l'unité de mise en place du noyau de béton bitumineux et l'unité de mise en place des filtres.

En 2009, un nouveau type d'épandeuse a été développé, fonctionnant sur trois rangées de roues. La modification suivante d'une épandeuse a été développée en 2010 : la trémie de béton bitumineux et la machine principale sont supportées par une rangée de roues avant et par une paire de chenilles. La toute dernière épandeuse ne comprend qu'une seule unité. La machine est supportée par trois rangées de roues, et la trémie du matériau des filtres est fixée à la machine.

Fig. 5.4
VEIDEKKE core paving machine in work, Jirau Dam, Brazil, 2012

C) Chinese equipment

China started to build asphalt concrete cores for embankment dams early in 1970. The asphalt concrete cores for earlier dams were built by hand work placing the asphalt concrete manually inside formwork. Modern machinery placement commenced in 1997 with Chinese made equipment. The first fairly simple core paver was pulled by a separate unit and the filter zone material was loaded manually into the formwork that was part of the core paving machine.

Later on a more modern core paving machine was developed however the Chinese asphalt concrete core unit runs on wheels, not on crawler chains. Further modifications have later been performed, for example with combined asphalt concrete core and filter zone units.

In 2009 a new type of core paver was developed which runs on three rows of wheels. In 2010 the next modification of a core paver was developed where the asphalt concrete hopper and main machine are supported by one row of wheels in front and a pair of caterpillar treads. The latest core paver consists of only one unit. The machine is supported by three rows of wheels and the filter material hopper is fixed on the machine.

Fig. 5.5
La dernière génération d'épandeuse Xi'an Huize à l'œuvre au barrage Huangjinping, 2015

D) Matériel suisse (WALO International AG)

Après avoir réalisé plusieurs projets en Chine, en Espagne et en Allemagne avec des épandeuses conventionnelles, WALO a lancé un type d'épandeuse complétement nouveau en 2015. La machine combine toutes les parties importantes dans une seule unité compacte. Un chariot solide supporte un compartiment de béton bitumineux couvert et chauffé, des grandes trémies pour le matériau des filtres, un réchauffeur à infra-rouge haute performance et des unités de compactage robustes.

L'épandeuse est contrôlée par GPS en trois dimensions. En combinaison avec les quatre chenilles indépendantes, le mécanisme de direction permet de suivre la ligne centrale avec précision, même pour les barrages à axe courbé ayant des courbes de faible diamètre. Grâce au contrôle tridimensionnel par GPS, la hauteur réelle de pavage peut être contrôlée avec précision et de façon permanente.

La combinaison d'air comprimé et du réchauffeur à infra-rouge à l'avant de l'épandeuse permet un processus de construction permanent, même lorsque les conditions météorologiques sont difficiles.

Plusieurs capteurs et les données qu'ils enregistrent assurent l'uniformité et la traçabilité du contrôle de la qualité.

Fig. 5.5
Xi'an Huize latest core paving machine in work, Huangjinping Dam, 2015

D) Swiss equipment (WALO International AG)

After several projects in China, Spain and Germany with conventional core-paving equipment, WALO inaugurated a completely new paver type in the year 2015. The machine combines all of the important parts in one compact unit. A solid carriage supports a covered and heated asphalt concrete bin, spacious hoppers for filter material, a high-performance infrared-heating device and heavy-duty compaction units.

The paver is GPS controlled in three dimensions. In combination with the four independent crawlers, the steering mechanism allows to follow the central line precisely even for curved dam axis with low-radius curves. Due to the 3-dimensional GPS control, the actual paving height can be controlled precisely and permanently.

The combination of compressed air and the infrared heating device in front of the paver allows a permanent construction progress, even under difficult weather conditions.

Several sensors and their recorded data enable a consistently and traceable quality control.

Fig. 5.6
La toute dernière épandeuse WALO à l'œuvre

5.3.3. Matériel de compactage

Ce chapitre couvre le compactage du noyau de béton bitumineux, ainsi que celui des filtres adjacents.

Les filtres tasseront plus pendant le compactage que le noyau de béton bitumineux et ils devront donc être mis en place en une couche plus épaisse que celle du béton bitumineux afin de s'assurer que les deux zones soient au même niveau après le compactage.

Comme décrit de façon générale dans le chapitre 5.1, le compactage des noyaux de béton bitumineux est différent du compactage des routes ou des pistes d'aéroport. Dans le cas des routes, les revêtements sont généralement minces et le mélange de béton bitumineux contient moins de fines, de filler et de bitume. Le matériau livré pour un barrage à noyau de béton bitumineux est beaucoup plus visqueux et dense, et pendant le processus de compactage, le béton bitumineux vibre en profondeur afin de s'assurer que les granulats qu'il contient minimisent la teneur en vides afin d'atteindre le critère en matière de teneur en vides.

En plus de la teneur en vides requise (< 3% en volume), le noyau de béton bitumineux devra être bien imbriqué avec le filtre adjacent (voir la figure 4.2, Essai au terrain). Néanmoins, la largeur minimale du noyau doit être atteinte (voir les figures 5.7 et 5.8).

La largeur des rouleaux du compacteur du noyau doit être supérieure à la largeur réelle du noyau de béton bitumineux mis en place, car le béton bitumineux mou ne peut normalement pas supporter le rouleau compacteur à lui seul sans s'enfoncer et arrêter. Le rouleau devra donc rouler partiellement sur les filtres de chaque côté du noyau afin de compacter le noyau de béton bitumineux. De plus, l'utilisation de pilonneuses vibrantes manuelles est également possible pour le compactage, mais le compactage final devrait être fait avec un rouleau compacteur.

Une préoccupation générale est que si le rouleau du compacteur du noyau bitumineux est trop large par rapport à l'emprise du noyau, la quasi-totalité du rouleau compresseur roulera sur les filtres, et le compactage et les vibrations du noyau seront donc insuffisants. En même temps, si la zone de contact sur le filtre est trop petite, le dessus du noyau de béton bitumineux sera poussé vers l'extérieur en raison du poids du rouleau compresseur, ce qui fera augmenter inutilement la consommation excessive d'asphalte.

La hauteur supplémentaire requise du filtre pendant la mise en place est un aspect qui doit être surveillé pendant la mise en place.

Fig. 5.6
WALO's latest core paving machine in work

5.3.3. Compaction equipment

This chapter covers the compaction of the asphalt concrete core as well as the compaction of the adjacent filter zones.

The filter zones will settle more during the compaction than the asphalt concrete core and will therefore need to be placed at a thicker layer than the asphalt concrete to ensure that both zones are at the same level after compaction.

As generally described in Chapter 5.1, the compaction on asphalt concrete cores differs from the compaction on roads or airfields. For roads the overlays are generally thin, and the asphalt concrete mix contains less fines, filler and bitumen. The material delivered for an asphalt concrete core dam is much more viscous and denser and during the compaction process the asphalt concrete is vibrated in depth to ensure that the contained aggregates minimize the void content to achieve the void content criteria.

In addition to the required void content (< 3 Vol %), the asphalt concrete core shall have a good interlocking with the adjacent filter zone (see Figure 4.2, Test field). Nevertheless, the minimum width of the core has to be achieved (see Figures 5.7 and 5.8).

The width of the core roller drums must be wider than the actual placed width of the asphalt concrete core as the soft asphalt concrete material normally cannot support the roller alone without "sinking in" and thereby stopping. The roller will accordingly need to run partly on the filter zones at each side of the core for compaction of the asphalt concrete core. In addition, the use of handheld vibratory rammers is also feasible for the compaction; however, the final compaction should be done with a roller.

There is a general concern that if the core roller is too wide, the whole roller will "ride" on the filter zones giving the core insufficient compaction and vibration. At the same time, if the contact area on the filter zone is too small, the top of the asphalt concrete core will be pressed outwards due to the weight of the roller and thus unnecessarily increase the overconsumption of asphalt material.

The required additional height of the filter zone during placement is an issue that needs to be observed throughout the core paving operation.

Aujourd'hui, une pratique couramment utilisée est que les rouleaux ne doivent pas dépasser la largeur du noyau de béton bitumineux de plus de 10 à 20 cm. Toutefois, cela ne doit pas être considéré comme une règle absolue. Pour des noyaux de béton bitumineux plus larges, la largeur supplémentaire doit être prise en considération, avec le poids du rouleau compacteur à utiliser. Des rouleaux compacteurs standards avec deux rouleaux pour des noyaux de béton bitumineux minces (0,50 à 0,6 mètre) pèsent entre 750 et 1 200 kg. Les rouleaux compacteurs à asphalte standards utilisés pour les routes, dont le rouleau a une largeur de 100 cm ou plus, pèsent plus de 2 000 kg.

Pour faire vibrer le noyau de béton bitumineux mis en place sur toute sa profondeur, l'amplitude des vibrations doit être élevée et leur fréquence doit être basse. Il est nécessaire d'avoir des rouleaux compacteurs dotés d'entraînements synchronisés sur les deux rouleaux. Il est également utile d'avoir des rouleaux compacteurs dotés de rouleaux à grand diamètre. Les rouleaux compacteurs dotés de rouleaux à diamètre moins grand restent coincés plus facilement et ont tendance à « pousser » le béton bitumineux vers l'avant au lieu d'avancer et de vibrer sur le dessus du noyau. Pour empêcher que l'asphalte colle aux rouleaux, un brouillard d'eau sur chaque rouleau sera nécessaire.

Avant de commencer la mise en place sur le barrage, un essai sur une section pleine grandeur avec la machinerie, le matériau du noyau et des filtres utilisés pour le barrage devrait être effectué sur le site. Un des enjeux majeurs ici est l'essai du matériel de compactage, la séquence du compactage et le nombre de passes requises pour respecter les exigences des spécifications.

Le nombre de passes requises pour le compactage du noyau de béton bitumineux dépend de la conception et de la compactibilité du mélange de béton bitumineux. Trois à cinq passes avec vibrations sont normalement requises. L'augmentation du nombre de passes du rouleau compacteur ne diminue peut-être pas davantage la teneur en vides : toutefois, elle rend la surface du noyau de béton bitumineux noire et luisante, car elle fait remonter le mélange riche en bitume et en filler en le faisant vibrer.

La largeur du filtre de chaque côté du noyau de béton bitumineux se situe généralement entre 1,3 et 1,5 mètre. Des rouleaux compacteurs vibrants normaux, ayant une largeur de 100 à 120 cm et un entraînement sur chaque rouleau, suffisent à ces fins.

La compactibilité des différents matériaux de filtre dépend de leur composition. Bien qu'il soit souhaitable d'obtenir un filtre de densité suffisamment élevée, il faut s'assurer de ne pas serrer le noyau de béton bitumineux de façon telle que le profil en travers de chaque couche devienne concave, réduisant ainsi la largeur du noyau sous l'exigence minimale. Un filtre contenant une proportion importante de gravier arrondi naturel par rapport à celle provenant de pierre concassée imposera plus facilement une contrainte horizontale sur le noyau de béton bitumineux pendant la construction.

Pour obtenir un compactage suffisant, le matériau des filtres pourrait être humecté, s'il est trop sec. Il doit être humecté avant d'être mis dans la trémie, afin d'éviter de mettre de l'eau sur la couche de béton bitumineux.

Le noyau de béton bitumineux mis en place peut facilement être déplacé tant qu'il n'a pas encore refroidi. Pour éviter cette situation, tout compactage du filtre doit être effectué avec les deux rouleaux compacteurs des filtres fonctionnant en parallèle.

It is today a common practice that the roller drums should not exceed the width of the asphalt concrete core by more than 10–20 cm. However, this should not be considered as an absolute rule. For wider asphalt concrete cores, the extra width has to be considered together with the weight of the roller to be used. Standard rollers with two roller drums for thin asphalt concrete cores (0.5-0.6 m) have a weight from 750 to 1200 kg. Standard asphalt rollers for roads with a drum width of 100 cm or more have a weight of more than 2000 kg.

In order to vibrate the placed asphalt concrete core to full depth, the vibration should be at a high amplitude and low frequency. It is necessary to have rollers with synchronized operation drives on both roller drums. It is also beneficial to have rollers with a big roller drum diameter. Rollers with a smaller drum diameter get stuck more easily and have a tendency to "push" the asphalt concrete forward rather than driving and vibrating on top of the core. To prevent asphalt to stick to the roller drums, water spray on each roller drum will be required.

Before any placement commences on the dam, a full-scale trial section with the machinery, the asphalt concrete and the filter zone material for the dam work should be performed on site. One of the major issues here is to test out the compaction equipment, the sequence of compaction and the number of passes required in order to comply with the specification requirements.

The number of passes required for compaction of the asphalt concrete core depends and varies with the asphalt concrete mix design and its compactibility. Three to five passes of vibration are normally required. Increasing the number of roller passes may not decrease the void content any further, but rather make the asphalt concrete core surface black and shiny by vibrating the bitumen and filler rich mix towards the top.

The filter zone on each side of the asphalt concrete core is normally 1.3 to 1.5 m wide. Normal vibratory rollers with a width of 100–120 cm and with a drive on each drum are sufficient for this purpose.

The compactibility of different filter zone materials depends on its composition. While it is desired to achieve a sufficient high density of the filter zone, care must be taken not to squeeze the asphalt concrete core in such a way that the cross section of each layer becomes concave and thereby reducing the core width below the minimum requirement. Filter zone with a significant proportion of natural rounded gravel compared with that from crushed rock will more easily impose a horizontal stress on the asphalt concrete core during construction.

In order to achieve sufficient compaction, the filter zone material could be wetted, if it is too dry. It has to be wetted before putting it in the hopper to avoid some water on the asphalt concrete layer.

The placed asphalt concrete core while it is not yet cooled down can easily be displaced. To prevent that, all compaction of the filter zone should be performed with the two filter zone rollers working in parallel.

Fig. 5.7
Travaux de compactage au barrage Murwani Saddle, Arabie saoudite, 2007)

Fig. 5.8
Compactage final du noyau de béton bitumineux

Fig. 5.7
Compaction work at Murwani Saddle Dam, Saudi Arabia 2007

Fig. 5.8
Final compaction of the asphalt concrete core

5.3.4. Laboratoire sur site

Un laboratoire sur le site complètement équipé et doté d'un personnel qualifié, avec tous les matériaux nécessaires pour effectuer continuellement un contrôle de la qualité et de l'assurance de la qualité, doit être installé sur place avant le début des travaux d'asphaltage.

Il est primordial d'effectuer un bon contrôle de la qualité quotidiennement sur place. Il est toutefois relativement facile à effectuer, et il est en grande partie semblable au contrôle de la qualité requis pour les travaux d'asphaltage ordinaires pour les routes. La fréquence des essais sera précisée dans les spécifications techniques, mais elle devrait être augmentée lorsque des doutes subsistent quant à la qualité obtenue, en raison soit de variations dans les granulats ou dans le fonctionnement de la centrale d'enrobage, soit de la qualité des travaux de mise en place.

Si certains des résultats quotidiens sont inacceptables, il pourrait s'avérer nécessaire d'enlever le béton bitumineux défectueux. Si le béton bitumineux est encore chaud, cela peut facilement être fait par une excavatrice, mais s'il a refroidi, l'enlèvement est une entreprise beaucoup plus complexe. Il est donc fortement recommandé que tous les résultats quotidiens soient disponibles à la fin de la journée et avant la reprise des travaux le lendemain.

La principale préoccupation en matière de qualité sur le chantier consiste à avoir la certitude que le matériau mis en place a une teneur en vides inférieure à 3% en tout temps. La valeur réelle de la teneur en vides sur place est principalement déterminée par le carottage et les tests sur les carottes extraites. Toutefois, le carottage par le matériel ordinaire ne peut être effectué que jusqu'à une profondeur d'environ 45 cm, soit généralement deux couches mises en place. Le noyau doit avoir refroidi pendant plusieurs jours avant que le carottage puisse être effectué avec succès. Pour que les travaux puissent progresser de façon raisonnable, le carottage n'est donc effectué qu'en tant que vérification ponctuelle. La fréquence du carottage dépendra des résultats des essais précédents, des résultats des contrôles de la qualité quotidiens et de la qualité du travail de mise en place du noyau de béton bitumineux.

En raison des bonnes expériences actuelles avec les BRNBB, il suffit d'effectuer un carottage fréquemment selon l'avancement des travaux, ou pour chaque tranche de 5 à 10 mètres de hauteur du noyau, pourvu que les résultats précédents et les autres contrôles de la qualité soient satisfaisants. Cependant, le premier carottage devrait être effectué au plus tard dans les deux semaines après le début des travaux de béton bitumineux. Il pourrait être souhaitable d'effectuer le carottage initial le plus tôt possible après le début des travaux, dès qu'il y a possibilité de le faire.

Des mesures de la densité par essai nucléaire ont également été ajoutées au contrôle de la teneur en vides, mais il est absolument nécessaire d'étalonner le relevé de la densité par essai nucléaire à l'aide d'au moins 5 carottes, qui peuvent provenir de la section d'essai, et d'utiliser le matériel approprié pour des mesures profondes de la densité. De tels essais peuvent être utilisés en tant que renseignements supplémentaires pour le contrôle quotidien de la qualité. Les essais nucléaires n'éliminent pas la nécessité du carottage et des essais.

Les mesures quotidiennes en laboratoire de la teneur en vides sur les échantillons Marshall compactés et les analyses d'extraction du béton bitumineux mis en place sur le barrage constituent les principales mesures de compactage quotidien. Si ces résultats sont uniformes et bons, et si les conditions climatiques et la qualité du travail sont satisfaisantes, on peut s'assurer que des mesures satisfaisantes de la teneur en vides sont obtenues. Néanmoins, en cas de doute en matière de qualité, les travaux devraient être interrompus immédiatement et des essais supplémentaires devraient être effectués sur le béton bitumineux mis en place, ou celui-ci devrait être enlevé pendant qu'il est encore chaud.

Les essais en laboratoire du noyau de béton bitumineux sont effectués en deux parties :

a. Essais initiaux des granulats et du bitume, y compris la mise au point du mélange

b. Programme d'essais quotidiens pendant la période de construction

5.3.4. Site laboratory

A fully equipped site laboratory with trained personnel including necessary materials for a continuous QC/QA control must be established prior to the commencement of the asphalt works.

Good daily quality control on site is of utmost importance. It is however fairly easy to perform, and it is - for the most part - similar to the quality control required for ordinary asphalt works for roads. The frequency of the tests will be specified in the technical specification but should be expanded whenever there are any doubts about the quality obtained either due to variations in the aggregates, operation of the asphalt mixing plant or due to the quality of the work performed during the placement operation.

In the event that some of the daily results are unacceptable, removal of the faulty asphalt concrete material may be required. If the asphalt concrete material is still hot, this can easily be done by an excavator, but if the asphalt concrete material has cooled down, removal is a major undertaking. It is therefore strongly recommended that all daily results should be available at the end of the day productions and before work resumes the following day.

The main quality concern at site is to be confident that the placed material has a void content less than 3% at all times. The real value of the in-situ void content can primarily be determined by core drilling and testing of the extracted cores. However, core drilling by ordinary equipment can only be performed to a depth of approximately 45 cm, generally through two placed layers. The core needs to cool down for several days before core drilling can be performed successfully. In order to achieve a reasonable construction progress, core drilling is therefore only performed as a spot check. The frequency of core drillings will depend on the results achieved from previous tests, results from other daily quality controls and the workmanship on the asphalt concrete core placing.

With today's good experience on ACEDs, it is sufficient to perform core drilling frequently depending on the work progress or after core height increases of 5 to 10 m provided that previous results and other quality controls are satisfactory. However, the first core drilling should be performed at the latest within two weeks after commencement of the asphalt concrete work. It may be desirable to perform the initial core drilling as soon after start of work when there is an opportunity to do so.

Void content control has also been supplemented with nuclear density measurements, but it is absolutely necessary to calibrate the nuclear reading on at least 5 cores, which may be from the test section, and to use the appropriate equipment for deep density measurements. Such tests can be used as additional information to the daily quality control. The nuclear testing does not eliminate the core drilling and testing.

Daily void content measurements on compacted Marshall samples in the laboratory and extraction analyses of the asphalt concrete material placed on the dam are the main daily quality control measures. If these results are consistent and good and if the climatic conditions and workmanship are satisfactory, it can be ensured that satisfactory void content measurements are obtained. However, should there be any doubt about the quality achieved, further work should be stopped immediately, and the placed asphalt concrete material should be further tested and/or removed while still hot.

Laboratory testing of the asphalt concrete core is performed in two parts:

a. Initial testing on aggregate and bitumen including asphalt concrete mix development

b. Daily testing program during construction period

Les essais préliminaires (1) devant être effectués sont décrits dans le chapitre 4.4, Essais en laboratoire des mélanges de béton bitumineux.

Les travaux quotidiens (2) devant être contrôlés sur le chantier de construction sont résumés dans le chapitre 7, Contrôle de la qualité pendant la construction.

La qualité du béton bitumineux produit et les variations dans celui-ci dépendent des granulats utilisés et de leurs variations. Le tamisage à la centrale d'enrobage réduira dans une certaine mesure les variations dans les stocks, mais les variations dans la fraction de granulats fins, normalement 0 à 4 mm (0 à 2), ne seront pas corrigées à moins que la partie la plus fine corresponde à la taille maximale nominale de la fraction de granulats fins (0 à 4/0 à 2 mm). Les granulats produits devraient donc être échantillonnés et testés régulièrement pendant la production. La courbe granulométrique et la friabilité varieront également en fonction de l'usure des concasseurs et si le tamisage des matériaux a été effectué par temps sec ou pluvieux. Les granulats devraient être stockés séparément et de façon à minimiser la ségrégation.

Le type de bitume et les exigences relatives à celui-ci seront présentés dans le devis descriptif. Normalement, le fournisseur ou le producteur de bitume effectue des contrôles réguliers des qualités de bitume qu'il offre. Sauf dans des situations très spécifiques, les contrôles sur site peuvent comprendre :

- Un certificat de qualité du fournisseur pour chaque livraison.

- Des essais de pénétration et, le cas échéant, des essais selon la méthode « bille et anneau » pour chaque livraison afin de s'assurer que la bonne quantité de bitume a été livrée.

Les exigences relatives à la centrale d'enrobage ont été présentées dans la section 5.3.1. La centrale aura besoin d'un entretien régulier, et toutes les balances devront être étalonnées au moins chaque fois que cette mesure est requise. En cas de tout doute quant à l'exactitude de la pesée, un nouvel étalonnage devra être effectué. Les plaques d'extrusion doivent être contrôlées régulièrement.

La composition du béton bitumineux devra être contrôlée au moins une fois par jour, et d'autres essais dépendront également de la quantité produite par jour. Les analyses d'extraction devront comprendre :

- La courbe granulométrique des granulats combinés

- La teneur en bitume

Les échantillons de béton bitumineux devraient être pris du noyau mis en place afin d'inclure la ségrégation possible après le transport et la mise en place, ou directement à la centrale d'enrobage. Un degré de précision élevé est nécessaire lors de la prise et de la préparation des échantillons de laboratoire, et le personnel devrait avoir de l'expérience préalable ou la formation nécessaire.

Pour réduire la fréquence de carottage et de la mesure de la teneur en vides dans le barrage, il est maintenant devenu habituel de spécifier l'exécution quotidienne d'essais de compactage et de mesures de la teneur en vides des échantillons Marshall compactés au laboratoire à partir du béton bitumineux pris directement à la centrale d'enrobage. Le compactage des échantillons Marshall dans le laboratoire (nombre de coups) devrait être fait de façon que son degré de compactage corresponde à celui du noyau du barrage. La température de compactage doit correspondre à la catégorie de bitume.

Le matériau des filtres est généralement spécifié en tant que matériau bien calibré, contenant du gravier naturel et une certaine quantité de matériau concassé ou de pierre concassée, dont les dimensions se situent entre 0 mm et un maximum de 60 mm (ou 0 à 80 mm). Différents matériaux se compactent très différemment. Bien qu'il soit souhaitable d'obtenir le meilleur degré de compactage, les critères de compactage selon la méthode CBR (California Bearing Ratio) ou des méthodes similaires ne sont normalement pas inclus dans la spécification technique; ceci parce que le compactage excessif des filtres peut serrer le noyau de béton bitumineux et le rendre plus mince ou concave. Pour obtenir le meilleur compactage possible, il est recommandé d'humecter le matériau avant la mise en place. La courbe granulométrique devrait être vérifiée régulièrement et comparée aux spécifications. Il est important que le matériau soit bien gradué pour minimiser la ségrégation.

The preliminary testing (1) to be carried out is described in Chapter 4.4, Laboratory Testing of Asphalt Concrete Mixes.

The day to day work (2) to be controlled at the construction site is summarized in Chapter 7, Quality Control During Construction.

The quality and variations of the produced asphalt concrete depend on the asphalt concrete aggregates and their variation. The screening at the asphalt mixing plant will to some extent reduce variations in the stockpiles, but variations in the fine aggregate fraction, normally 0–4 mm (0–2), will not be corrected unless the finest screen corresponds to the nominal maximum size of the fine aggregate fraction (0–4/0–2 mm). The aggregates produced should therefore regularly be sampled and tested during production. The grading curve and flakiness will further vary with the degree of wear of the crushers and if the screening of the materials has been performed in dry or during rainy conditions. The aggregates should be stored separately and, in a way, to minimize segregation.

The type and requirements of the bitumen to be used shall be described in the technical specifications. The bitumen supplier or producer will normally perform regular controls of the bitumen qualities that he has available. Unless in very special circumstances, the site controls can consist of:

- A quality certificate on each delivery from the supplier.

- Penetration tests and - if required - additional Ring and Ball tests on each delivery to make sure that the correct bitumen quality has been delivered.

Asphalt mixing plant requirements are discussed in section 5.3.1. The plant will require regular maintenance and all weighing scales will need to be calibrated at least each time it is established. In case of any concern about the weighing accuracy, a new calibration shall be performed. The screeds must be regularly controlled.

The asphalt concrete composition shall be controlled at least once daily and further tests will also depend on the quantity produced per day. The extraction analyses shall include:

- Grading curve of the combined aggregates.

- Bitumen content.

The asphalt concrete samples should be taken from the placed core to include possible segregation after transportation and placement or directly from the asphalt mixing plant. A high degree of accuracy is necessary for taking and preparing the laboratory samples and the personnel should have previous experience or necessary training.

In order to reduce the frequency of the core drilling and void content measurement from the dam, it has now become normal to specify daily compaction tests and void content measurements of Marshall samples compacted in the laboratory based on asphalt concrete taken directly from the asphalt plant. The compaction of the Marshall samples at the laboratory (number of blows) should be performed in a way that the degree of compaction from the Marshall samples corresponds to the core compaction on the dam. The compaction temperature must correspond to the grade of bitumen.

Filter zone material is usually specified as a well graded material between 0 mm and maximal 60 mm (or 0–80 mm) natural gravel with a certain amount of crushed material and/or crushed rock. Different materials compact quite differently. While it is desired to achieve the best degree of compaction, compaction criteria according to CBR (California Bearing Ratio) or similar methods are normally not included in the technical specification. The reason being that over-compaction of the filter zone may squeeze the asphalt concrete core and make it thinner or concave in form. In order to obtain the best possible compaction, wetting of the material is recommended before placement. The grading curve should be regularly controlled and checked with the specifications. It is important that the material is well graded to minimize segregation.

Le carottage du noyau de béton bitumineux est effectué avec des trépans de carottage spéciaux. Il est important d'utiliser du matériel de carottage à l'eau afin d'éliminer toute augmentation de température pendant le carottage. Il est possible d'effectuer le carottage une fois que le noyau a suffisamment refroidi. Le béton bitumineux dense conserve sa température pendant longtemps, et bien que le dessus refroidisse assez vite et soit stable, il reste mou et chaud quelques centimètres plus bas. Dans les climats chauds, il s'est avéré utile de couvrir les endroits avec du tissu qui est gardé mouillé pendant plusieurs jours afin de minimiser le temps d'arrêt associé au carottage. Avec le matériel approprié, le carottage peut être effectué à une profondeur supérieure à la profondeur normale de 45 cm. La difficulté n'est pas le carottage lui-même, mais l'extraction de la carotte et la capacité de la cisailler à sa partie inférieure. Un carottage avant que le noyau ait suffisamment refroidi entraînera la déformation de la carotte extraite. Les 2 à 3 cm supérieurs et inférieurs de chaque carotte extraite doivent être coupés avant que le reste de la carotte soit taillée en tranches d'une épaisseur d'environ 5 cm. Après avoir pesé les tranches dans l'air et dans l'eau, la densité est facile à calculer. En comparaison avec la densité maximale calculée (aucun vide), la teneur en vides réelle de l'échantillon (tranche) est facile à calculer. Si le béton bitumineux a subi une ségrégation pendant le transport et la mise en place, il pourrait être nécessaire de calculer la densité maximale en se fondant sur la composition de la tranche de carotte.

Fig. 5.9
Échantillons forés et tranchés du noyau de béton bitumineux

Les trous forés dans le noyau de béton bitumineux doivent être nettoyés et soigneusement remplis de béton bitumineux chaud en couches de 50 mm, compacté correctement.

La largeur du noyau mis en place sera contrôlée régulièrement. Le filtre de chaque côté du noyau est enlevé après environ un jour et la largeur totale et la distribution de chaque côté de la ligne centrale sont mesurées. Le contrôle de la largeur du noyau devra être effectué périodiquement et le matériau excavé des filtres est alors remplacé par un nouveau matériau.

5.4. RÈGLES DE L'ART ACTUELLES

5.4.1. Généralités

La température de mise en place du bitume devra en général se situer entre 140°C et 170°C, et la température de compactage doit toujours être supérieure à 130° C, en tenant compte de la catégorie de bitume et des conditions climatiques. Le noyau sera mis en place et compacté en même temps que les zones adjacentes. L'épaisseur de chaque couche compactée de béton bitumineux se situera généralement entre 20 cm et 25 cm. Pour satisfaire aux normes de qualité les plus élevées, le béton bitumineux devra être mis en place avec des épandeuses spéciales et du personnel chevronné. Dans les endroits où il y a peu d'espace pour utiliser l'épandeuse ou en contact avec les ouvrages en béton, une mise en place manuelle est nécessaire (p. ex., pour les premières couches au-dessus du socle en béton et l'élargissement du noyau vers les appuis). La mise en place manuelle doit respecter les mêmes exigences de qualité que la mise en place mécanique.

Core drilling of the asphalt concrete core is performed with special core bits. It is important to use a core drilling equipment equipped with water to eliminate a temperature raise during core drilling. The core drilling is possible after the core has cooled down sufficiently. Dense asphalt concrete maintains its temperature for a long time and even though the top cools down and is stable, it is still soft and warm some centimeters down. In warm climates it has proven to be beneficial to cover the spots with cloth which is kept wet for several days in order to minimize stoppage time related to the core drilling. With the appropriate equipment, the core drilling can be performed deeper than to the normal depth of 45 cm. The difficulty is not the actual drilling but being able to extract the core and to disconnect it at the bottom of the drilled core. Drilling of the core before it has cooled down sufficiently will result in deformation of the extracted core. The top and bottom 2–3 cm of each extracted core must be cut off before the remaining core is cut in about 5 cm thick slices. After weighing the slices in air and water, the density is easily calculated. When compared with the calculated maximum density (zero void), the actual void content of the particular sample (slice) will be easily calculated. If the asphalt concrete has segregated during transportation and placement, it may be necessary to calculate the maximum density based on the composition of the drilled core slice.

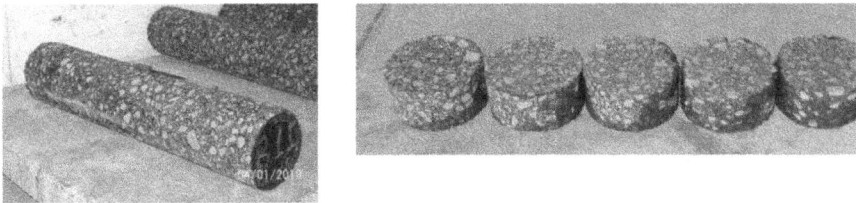

Fig. 5.9
Drilled and sliced samples from the AC core

Drilled holes in the asphalt concrete core must be cleaned and carefully filled with hot asphalt concrete material in 50 mm thick layers and properly compacted.

The width of the placed core shall be controlled regularly. The filter zone on each side of the core is carefully removed after about one day and the total width and distribution on each side of the center line is measured. The core width control shall be carried out periodically and then the excavated filter material is replaced with new material.

5.4. CURRENT STATE-OF-THE-ART

5.4.1. General

The placing temperature for the asphalt concrete core material shall in general be between 140° and 170° Celsius and the compaction temperature always above 130° Celsius considering the bitumen grade and the climatic conditions. The core will be placed and compacted simultaneously with the adjacent zones. The thickness of each compacted asphalt concrete layer will in general be between 20 cm and 25 cm. To achieve highest quality standards, the asphalt concrete core material shall be placed with special core paving machines and experienced staff. In areas with limited space to operate the core paving machine or in connection to concrete structures manual placing is necessary (e.g. for the first layers above the concrete plinth and the widening of the core towards the abutments). Manual placing requires the same quality as machine placing.

Fig. 5.10
Barrage Hatta, Émirats arabes unis, en construction, 2003

5.4.2. Préparation de la surface en béton et application du mastic

Avant l'application de mastic, la surface de tous les ouvrages en béton doit être préparée en enlevant tous les débris, les résidus de coulis et le voile de ciment. La préparation devra être effectuée selon l'une des méthodes suivantes :

- Sablage

- Décapage au jet d'eau

- Nettoyage à l'acide chlorhydrique, suivi d'un lavage à l'eau

Le béton doit avoir durci correctement et la surface doit être nettoyée et séchée à fond. Pour assurer la liaison et l'adhésion entre le béton et le mastic, les méthodes suivantes peuvent être utilisées :

- Application d'une couche mince d'apprêt bitumineux

- Application d'un additif de liaison au mastic

Fig. 5.10
Hatta Dam, UAE, under construction, 2003

5.4.2. Preparation of the concrete surface and mastic application

The surface of all concrete structures shall, before the mastic is applied, be prepared by removing all loose debris, grouting residue and cement film. The preparation shall be done by one of the following methods:

- Sand blasting

- Hydro-jet blasting

- Cleaning with hydrochloric acid followed by water washing

The concrete must be properly cured, and the surface has to be thoroughly cleaned and dried. To ensure the bonding and adhesion between the concrete and the mastic, the following methods can be performed:

- Application of a thin film of bituminous primer

- Using a bonding additive to the mastic

Fig. 5.11
Pulvérisation d'une couche d'accrochage sur le socle en béton avant l'application de mastic

Pour assurer une liaison adéquate et une connexion flexible entre l'ouvrage en béton et le noyau de béton bitumineux, une couche de mastic doit être appliquée. Le mastic est composé de bitume, de filler et de sable, et il doit être mélangé dans une chaudière à mastic à température contrôlée. L'application de mastic sera faite manuellement avec une épaisseur totale d'environ 1 à 2 cm.

Fig. 5.12
Application de mastic sur un socle en béton

Fig. 5.11
Tack coat spraying on concrete plinth prior to mastic application

To ensure an adequate bond and a flexible connection between the concrete structure and the asphalt concrete core, a mastic layer must be applied. Mastic consists of bitumen, filler and sand and must be mixed in a temperature-controlled mastic boiler. The mastic application will be done manually with a total thickness of approximately 1 to 2 cm.

Fig. 5.12
Mastic application on concrete plinth

5.4.3. Mise en place manuelle

Les premières couches immédiatement au-dessus du socle en béton seront mises en place manuellement et étendues de chaque côté vers les appuis afin d'assurer un joint solide. Il est très courant d'élargir les deux premières couches au-dessus du socle en doublant la largeur du noyau, en les faisant suivre de deux couches dont la largeur est calculée selon un facteur de 1,5 de la largeur du noyau. Par conséquent, le noyau de béton bitumineux ordinaire commencera à 0,80 mètre au-dessus du socle en béton. Par contre, la mise en place manuelle peut également être limitée aux deux ou trois premières couches au-dessus du socle, ce qui permet d'utiliser l'épandeuse plus rapidement.

Cette « base » du béton bitumineux sera mis en place manuellement en utilisant un coffrage en acier installé de façon symétrique le long de la ligne centrale (axe) du noyau. Le coffrage est renforcé avec une charpente métallique et stabilisée de l'extérieur avec le matériau des filtres. L'espace à l'intérieur du coffrage sera rempli de béton bitumineux et compacté avec des pilonneuses ou des plaques vibrantes. Après ce précompactage, la charpente métallique est enlevée et le noyau de béton bitumineux, ainsi que le matériau des filtres, est compacté avec des rouleaux compacteurs. L'imbrication requise entre le noyau de béton bitumineux et le matériau des filtres sera donc réalisée.

Fig. 5.13
Mise en place manuelle et élargissement du noyau adjacent aux appuis

5.4.4. Mise en place mécanique

Une fois la mise en place manuelle terminée, les couches suivantes sont mises en place par l'épandeuse. Le béton bitumineux est alimenté dans le compartiment central de l'épandeuse et le matériau des filtres pour les côtés aval et amont est chargé dans les godets latéraux de l'épandeuse.

Le béton bitumineux s'écoule de la trémie directement dans un coffrage glissant, tandis que le matériau des filtres est mis en place sur les extérieurs du coffrage. Le béton bitumineux et le matériau des filtres sont compactés simultanément par un groupe de plaques vibrantes fixées à l'arrière de l'unité de mise en place ou par des rouleaux compacteurs, selon le type de matériel. Pour terminer, une série de rouleaux compacteurs vibrants légers suit afin de compacter la pierre concassée et la couche de béton bitumineux jusqu'aux valeurs requises. Le noyau est compacté avec des rouleaux compacteurs ayant un poids statique de 1 à 1,5 tonne, et le filtre avec des rouleaux compacteurs d'un poids statique de 2 à 2,5 tonnes. L'épaisseur d'une couche compactée se situe entre 20 et 25 cm.

5.4.3. Manual placement

The first layers immediately above the concrete plinth will be placed manually and will be extended on each side to ensure a tight connection. It is very common to widen the first two layers above the plinth by doubling the core width followed by two layers with a factor of 1.5 of the core widths. Thus, the regular asphalt concrete core will start 0.80 m above the concrete plinth. However, the manual placement may also be limited to the first two or three layers above the plinth which allows the utilization of the paver more rapidly.

This so called "foot" of the asphalt concrete core will be placed manually by using steel formwork which is placed symmetrically along the centerline (axis) of the core. The formwork is braced with steel frames and stabilized from the outer side with filter material. The gap inside the shuttering will be filled with asphalt concrete and compacted with vibratory rammers or vibratory plates. After this pre-compaction is finished, the steel frame is removed and the asphalt concrete core plus the filter material is compacted with rollers. Thus, the required interlocking between asphalt concrete core and filter material will be achieved.

Fig. 5.13
Manual placement and core widening adjacent to the abutments

5.4.4. Machine placement

After having finished the manual placing, the following layers are placed with the core paving machine. The asphalt concrete is fed into the central bin of the core paver and the filter material for the up- and downstream is loaded into the side-buckets of the core placing machine.

The asphalt concrete flows out of the hopper directly into a slip form while the filter material is placed on the outsides of the shuttering. Asphalt concrete and filter material are compacted simultaneously by a group of vibratory plates mounted at the back of the placing unit or by rollers according to the type of equipment. Finally, a set of light vibratory rollers follows to compact the crushed stone and the asphalt concrete layer to the required values. The core is compacted with rollers of a static weight of 1 to 1.5 tons, the filter zone is compacted with rollers of 2 to 2.5 tons static weight. The thickness of one compacted layer ranges between 20 cm and 25 cm.

Fig. 5.14
Pré compactage STRABAG avec plaques vibrantes

Fig. 5.15
Matériel de mise en place VEIDEKKE sans pré compactage

Fig. 5.14
STRABAG Pre-compaction with vibratory plates

Fig. 5.15
VEIDEKKE paving equipment without pre-compaction

Fig. 5.16
Compactage du noyau en béton bitumineux et des zones adjacentes
par des rouleaux compresseurs vibrants

5.4.5. Joints waterstop

Des joints waterstop sont généralement installés entre les sections construites du socle en béton, généralement à l'amont de l'axe du noyau. Dans un tel cas, des joints waterstop en caoutchouc résistant à la chaleur ou en métal situés dans le socle en béton doivent être utilisés et reliés au noyau de béton bitumineux. Pour cette raison, ils sont entourés d'un coffrage sur le dessus du socle, ou des rainures peuvent être pratiquées localement dans le socle lui-même. Après la mise en place du béton bitumineux à l'extérieur du coffrage, celui-ci est enlevé et la partie entourée du coffrage est remplie de mastic.

Fig. 5.16
Compaction of the AC core and the adjacent zones by vibratory rollers

5.4.5. Water stops

Water stops are usually included between the construction sections of the concrete plinth. In such a case heat-resistant rubber water stops or metal water stops in the concrete plinth have to be used and connected to the asphalt concrete core. For this reason, they are coffered with a formwork on top of the plinth or the plinth itself can locally be grooved. After the asphalt concrete placing outside of the formwork, the steel frame is removed, and the coffered part is filled with mastic.

Fig. 5.17
Détail typique d'un socle avec joint waterstop et coffrage

Fig. 5.18
Détail typique d'un joint waterstop avec une rainure

L'étanchéité verticale du barrage est assurée par le noyau en béton bitumineux, le socle de béton avec son joint waterstop et la fondation rocheuse traitée et injectée.

Une membrane imperméable bitumineuse peut également être utilisée pour assurer l'étanchéité amont-aval des joints de construction du socle en béton. Ce concept consiste à coller à l'amont sur le béton, de part et d'autre du joint, une membrane étanche renforcée bitumineuse recouverte par une membrane géotextile non-tissé. L'avantage de ce concept est que cette membrane étanche peut également être placée directement sur la partie amont du socle en béton où des fissures de retrait sont observées pour les « colmater » avant de placer les matériaux.

Fig. 5.17
Typical detail of plinth with water stop and formwork

Fig. 5.18
Typical detail of water stop and groove on a gallery

The vertical continuity of the imperviousness of the dam is assured by the asphaltic core, the reinforced concrete plinth with water-stops and the grouted and treated bedrock.

Alternatively, an impervious bituminous membrane can also be used to prevent upstream-downstream seepage through construction joints of the concrete plinth. This concept consists of a reinforced waterproof bituminous membrane welded to concrete above the transversal construction joints in the upstream part of the concrete plinth and covered by a non-woven geotextile membrane. The advantage of this concept is that this impervious upstream membrane can also be placed directly on shrinkage-induced cracks observed on the upstream part of the concrete plinth before fill placement to seal them.

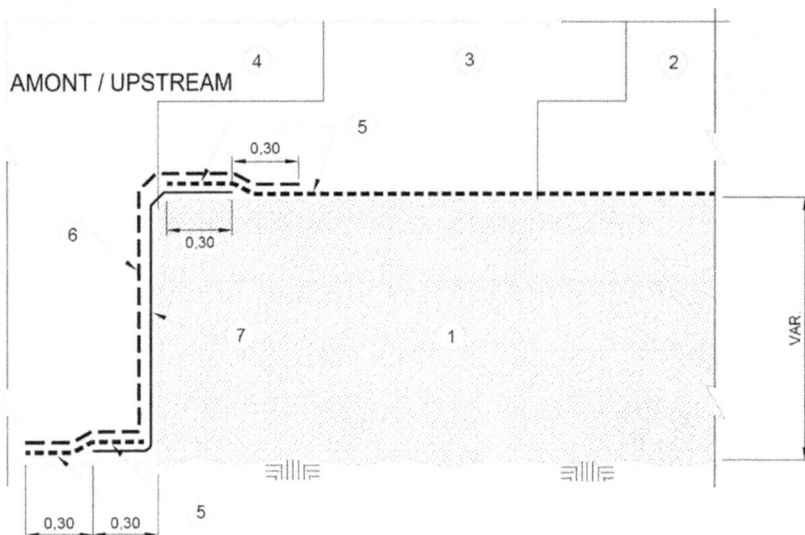

Fig. 5.19
Détail type d'utilisation d'une membrane renforcée étanche bitumineuse amont
(Complexe La Romaine – Québec – Canada)

(1)	Socle en béton
(2)	Noyau d'asphalte
(3)	Filtre
(4)	Transition
(5)	Mastic 10 mm Min.
(6)	Membrane géotextile
(7)	Membrane bitumineuse

Dans ce cas, l'étanchéité verticale du barrage est assurée par le noyau en béton bitumineux, la partie amont du socle de béton avec les joints de construction et les éventuelles fissures de retrait recouverte et scellée par la membrane étanche bitumineuse et finalement la fondation rocheuse traitée et injectée. Pour cette variante, un soin particulier doit être pris pour s'assurer de placer cette membrane étanche en partie sur le roc traité et sec juste à l'amont.

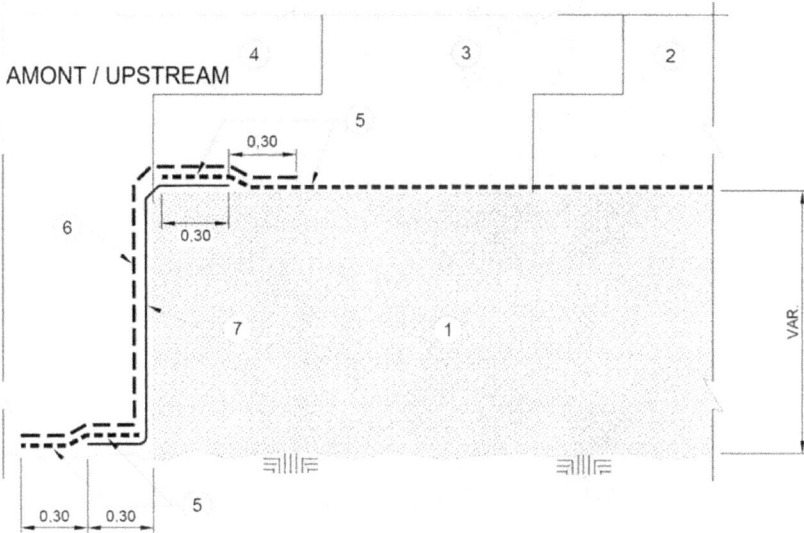

Fig. 5.19
Typical detail of using an upstream reinforced bituminous membrane
(Complex La Romaine – Quebec – Canada)

(1)	Socle en béton	Concrete plinth
(2)	Noyau d'asphalte	Bituminous core
(3)	Filtre	Filter
(4)	Transition	Transition
(5)	Mastic 10 mm Min.	Mastic 10 mm Min.
(6)	Membrane géotextile	Geotextile membrane
(7)	Membrane bitumineuse	Bituminous membrane

The vertical continuity of the imperviousness of the dam is assured, in this case, by the asphaltic core, the reinforced concrete plinth with sealed transverse construction joints and shrinkage-induced transverse cracks, and finally with the upstream boundary of the grouted and treated sound bedrock. For this alternative, care has to be taken during construction to place the upstream impervious reinforced membrane on dry and treated sound rock.

5.4.6. Préparation des surfaces en béton bitumineux

Pour obtenir une bonne liaison entre les couches, la couche précédente sera réchauffée avec un réchauffeur à infrarouge pour enlever l'humidité. De plus, le préchauffage devra être effectué au moins avant la mise en place de la première couche lors de chaque jour de travail, et dans tous les cas lorsque les conditions climatiques ou des précipitations mineures ou de courte durée l'exigent. Si la surface est contaminée par de la poussière ou de l'eau, celle-ci doit être enlevée au moyen d'un aspirateur industriel ou d'air comprimé. Au besoin, une couche d'accrochage doit être appliquée pour recouvrir les particules restantes de poussière et de sable.

Fig. 5.20
Radiateur à infra-rouge à l'avant de l'épandeuse

5.4.7. Exigences supplémentaires

Le remblai et le noyau sont essentiellement construits en même temps. La hauteur du remblai à l'extérieur du béton bitumineux et du filtre (zone de transition) ne devra jamais dépasser plus de deux couches de béton bitumineux au-dessus ou en dessous. Si le noyau de béton bitumineux doit être traversé par du matériel ou des machines, des ponts portatifs temporaires ajustés doivent être utilisés. Ces ponts supportent complètement le matériel de construction et empêchent qu'une charge soit imposée au noyau de béton bitumineux et aux filtres. La ligne centrale du noyau doit être marquée ou un fil métallique fixé sur la couche précédente par des arpenteurs.

5.4.6. Preparation of the asphalt concrete surfaces

To achieve a proper bond between the individual layers, the previous layer shall be re-heated with an infrared heater to remove moisture. Additionally, the pre-heating shall be done at least before placing the first layer of each working day and always when climatic conditions or minor and short precipitation require this. If dust or water contaminates the surface, the dust or water must be removed using an industrial vacuum cleaner and/or compressed air. If necessary, tack coat has to be applied to cover remaining dust and sand particles.

Fig. 5.20
Infrared heater in front of core paving machine

5.4.7. Additional requirements

The embankment and the core shall basically be constructed simultaneously. The height of the embankment outside of the asphalt concrete and transition (filter) zone shall never be more than two asphalt concrete layers below or above. If the asphalt concrete core needs to be crossed with equipment or machinery, specially fitted temporary portable bridges must be used. Those bridges fully support the construction equipment and prevent the asphalt concrete core and the filters from loading. The center line of the core is to be marked or a steel wire fixed on the previous layer by surveyors.

Fig. 5.21
Pont temporaire permettant de traverser le noyau de béton bitumineux au besoin

Fig. 5.21
Temporary bridge for crossing the asphalt concrete core when required

6. DEVIS TECHNIQUE POUR LA CONSTRUCTION DE NOYAU EN BÉTON BITUMINEUX

6.1. RÉFÉRENCES POUR LES NORMES

Les normes proposées dans le présent bulletin sont spécifiées conformément aux normes européennes et elles devront être adaptées et comparées aux normes locales de plusieurs autres pays.

6.2. SPÉCIFICATIONS TECHNIQUES

Ces spécifications sont considérées comme une recommandation et une ligne directrice pour les exigences minimales requises pour la construction d'un BRNBB. Des contrôles supplémentaires et spéciaux pourraient être jugées comme étant nécessaires, selon le barrage à construire, les conditions locales, des caractéristiques et défis particuliers.

6.2.1. *Qualifications d'un entrepreneur spécialisé en noyau de béton bitumineux*

Pour tous les travaux liés à la conception d'un mélange de béton bitumineux et à la construction du noyau de béton bitumineux, un entrepreneur possédant une expérience confirmée, ou, au besoin, un sous-traitant spécialisé dans ce domaine, doit être embauché. L'entrepreneur spécialisé est désigné dans les présentes en tant qu'entrepreneur spécialiste et il devra assumer la pleine responsabilité de la qualité du noyau de béton bitumineux mis en place, tel que spécifié dans la présente spécification technique. L'entrepreneur (ou sous-traitant) spécialiste devra posséder :

- Les qualifications requises pour effectuer la conception du mélange de béton bitumineux conformément à des exigences spécifiques en matière d'étanchéité à l'eau, de comportement en contrainte-déformation et de ductilité.

- L'expérience nécessaire en planification, en organisation, en mise en place et en compactage du noyau de béton bitumineux et des filtres adjacents.

- Les épandeuses nécessaires pour la mise en place du noyau de béton bitumineux et disponibles pour effectuer ce travail.

- Le personnel chevronné requis pour exécuter et superviser tous les travaux relatifs à la construction d'un noyau de béton bitumineux et fournir la formation nécessaire.

- Les compétences requises pour contrôler et approuver tous les travaux en laboratoire sur place relatifs à la production quotidienne de béton bitumineux, à la mise en place du béton bitumineux et au programme d'essais.

La mise en place du noyau de béton bitumineux et du matériau des filtres, ainsi que la qualité des travaux effectués, devra être supervisée et contrôlée en tout temps par l'entrepreneur spécialiste.

Avant la construction, l'entrepreneur spécialiste doit documenter la convenance et l'adéquation de la conception du mélange retenu pour le béton bitumineux, du matériel, du personnel chevronné ainsi que les compétences requises pour l'exécution d'une section d'essai et pour la construction du noyau en béton bitumineux, y compris tous les détails nécessaires.

6. TECHNICAL SPECIFICATIONS FOR CONSTRUCTION OF AC CORES

6.1. REFERENCES FOR STANDARDS

The standards proposed in this bulletin are specified according to European Standards and need to be adapted and compared with the local standards in many other countries.

6.2. TECHNICAL SPECIFICATIONS

This specification shall be seen as a recommendation and guideline for the minimum requirements for the construction of an ACED. Additional and special controls may be considered necessary depending on the dam to be built, local conditions and special features and challenges.

6.2.1. Specialized asphalt concrete core contractor's qualifications

For all works in connection with the asphalt concrete mix design and construction of the asphalt concrete core, a contractor with confirmed experience or if necessary, a specialist subcontractor in the same field must be engaged. The specialized contractor is hereafter nominated as the Specialist Contractor and shall take full responsibility of the quality of placed asphalt concrete core as specified in this technical specification. The Specialist Contractor (or subcontractor) shall have:

- The qualifications to design the asphalt concrete mix to meet specific requirements to water tightness, stress-strain behavior and ductility.

- The necessary experience in planning, organizing, laying and compacting of the asphalt concrete core and the adjacent filter zones.

- The necessary asphalt concrete core paving equipment available to perform this work.

- The necessary experienced personnel to execute, train and supervise all the work related to asphalt concrete core construction.

- The required expertise to control and approve all the laboratory work on site related to daily asphalt concrete production, asphalt concrete placement and the testing program.

The placement of the asphalt concrete core material and filter zone material as well as the quality of the work performed must at all times be supervised and controlled by the Specialist Contractor.

Prior to construction, the Specialist Contractor must document the suitability of the asphalt concrete mix design, the equipment, experienced personnel and skills for executing a trial section and construction of the AC core including all necessary details.

6.2.2. Matériaux

6.2.2.1. Noyau de béton bitumineux

BITUME (voir le chapitre 4.3.3, Bitume)

La teneur en bitume dans le noyau de béton bitumineux se situe normalement entre 6,0% et 7,5% du poids total du béton bitumineux. La teneur finale en bitume dépend de la catégorie de bitume disponible, de la courbe granulométrique finale des granulats, du poids spécifique des granulats, de l'absorption de bitume dans les granulats et des propriétés ductiles requises pour le béton bitumineux.

Le bitume devra respecter les spécifications européennes standard, conformément à EN.

L'entrepreneur spécialiste devra fournir les résultats des tests initiaux suivants :

- Pénétration, EN 1426

- Méthode « bille et anneau », EN 1427

- Point de fracture de Fraaß, EN 12593

- Perte au chauffage, EN 12607, max. 1,0%

- La détermination des limites de la perte de la pénétration et de l'augmentation du point de ramollissement après le chauffage (au moins 70% restant pour la pénétration et augmentation de 5°C du point de ramollissement pour B 50/70 ou B 80/100). Les limites pour les autres catégories de bitume doivent être déterminées indépendamment.

GRANULATS (voir le chapitre 4.3.2, Granulats et filler)

Les granulats seront produits à partir de pierre concassée ou de gravier naturel solide, ou d'un mélange des deux.

Les granulats devront être produits dans un minimum de quatre fractions :

Par exemple :

0 à 4 mm

4 à 8 mm

8 à 11 mm

11 à 16 mm

D'autres classifications sont également possibles.

Les granulats des différentes fractions devront être stockés indépendamment, dans des conditions permettant de les protéger contre la contamination, de minimiser la ségrégation et, au besoin, de les protéger contre l'humidité.

Les granulats devront respecter les exigences suivantes :

- Résistance conformément au Los Angeles (LA) pour les granulats grossiers – perte inférieure à 40% conformément à EN 1097-2 pour 500 rotations.

- Indice de friabilité – inférieur à 35%.

6.2.2. Materials

6.2.2.1. Asphalt concrete core

BITUMEN (see Chapter 4.3.3 Bitumen)

The bitumen content in the asphalt concrete core will normally be between 6.0 and 7.5% by total weight of asphalt concrete. The final bitumen content will depend on the grade of the bitumen available, the final grading curve for the aggregates, the specific weight of the aggregates, the bitumen absorption into the aggregates and the ductile properties required for the asphalt concrete.

The bitumen shall comply with standard European specifications according to EN.

The Specialist Contractor shall report the results of the following initial tests:

- Penetration, EN 1426,

- Ring and Ball, EN 1427

- Fraaß fracture point (EN 12593)

- Loss on Heating, (EN 12607) max. 1.0%

- Determination of the limits of penetration loss and softening point increase after heating (at least 70% remaining for penetration and 5°C increase for softening point for B 50/70 or B 80/100). Limits for other bitumen grades have to be determined independently.

AGGREGATES (see Chapter 4.3.2 Aggregates and Filler)

The aggregates shall be produced from solid crushed rock or natural gravel or from a mixture of both.

The aggregates shall be produced in a minimum of four fractions:

For example,

0–4 mm

4–8 mm

8–11 mm

11–16 mm

Other classifications are also possible.

The aggregates in the various fractions shall be stored separately under conditions to protect against contamination, to minimize segregation and if necessary, against moisture.

The aggregates shall comply with:

- Strength according to Los Angeles (LA) for coarse aggregates - less than 40% loss according to EN 1097-2 for 500 rotations.

- Flakiness Index - less than 35%.

L'entrepreneur spécialiste devra fournir les résultats des tests initiaux suivants :

- Pétrographie

- Courbes granulométriques

- Absorption d'eau dans les granulats (EN 1097-6)

- Adhésion au bitume

Plusieurs types d'essais permettent de déterminer l'adhésion du bitume avec les granulats. Tous les essais sont très subjectifs, et les résultats sont donc difficiles à interpréter. Aucun pourcentage général ne peut être fourni en tant que référence, mais l'affinité devrait être optimisée. En général, de tels essais sont utilisés pour le béton bitumineux ordinaire soumis à l'influence de l'air et de l'eau. L'application de ces tests aux BRNBB est donc discutable.

Des liants peuvent être utilisés pour améliorer l'adhésivité, comme démontré ci-dessous.

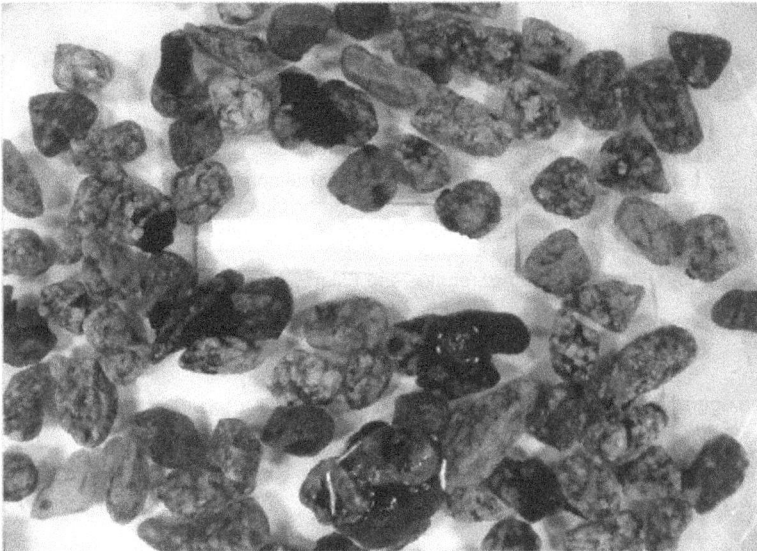

Fig. 6.1
Adhésivité après stockage dans l'eau pendant 72 h sans liant

The Specialist Contractor shall report the results of the following initial tests:

- Petrography

- Grading curves

- Water absorption in aggregates (EN 1097-6)

- Adhesion to bitumen

Several test types are known to determine the adhesion of bitumen to aggregates. All tests are very subjective and thus the results are difficult to interpret. There is no general percentage that can be given as a reference, but the affinity should be optimized. Usually, this type of tests is used for ordinary asphalt concrete subjected to the influence of air and water. The application of these tests for ACEDs is therefore debatable.

Bonding agents can be used to improve the adhesiveness as shown below.

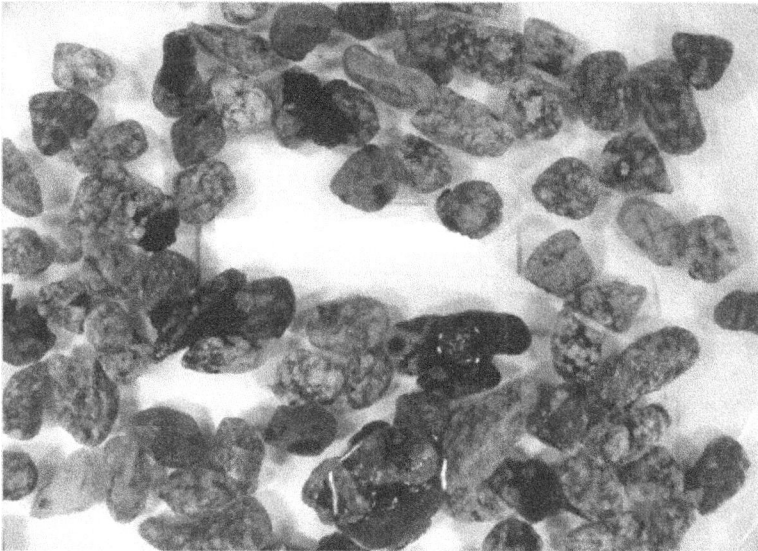

Fig. 6.1
Adhesiveness after 72 h water storage without bonding agent

Fig. 6.2
Adhésivité après stockage dans l'eau pendant 72 h avec liant

FILLER (voir le chapitre 4.3.2, Granulats et filler)

Le filler est composé de particules de taille se situant entre 0 et 0,063 mm (0 et 0,075 mm) et sera une combinaison de fines provenant des granulats conservés à la centrale d'enrobage (retenues par le sac du filtre), et de fines ajoutées provenant d'autres sources. Les fines ajoutées peuvent être du calcaire concassé, du ciment Portland ou tout autre matériau approuvé par le client. La quantité de filler provenant des granulats dépendra du type de granulats et du processus de broyage, mais elle ne dépassera pas 50% de la teneur totale en filler du mélange de béton bitumineux.

La maniabilité et la teneur en vides dans le mélange dépendront en grande partie de la quantité de filler dans le béton bitumineux et de la composition du filler. Ces paramètres devront être testés et documentés dans le cadre de la conception initiale du mélange de béton bitumineux.

Pour obtenir une comparaison et une évaluation de sources de rechange de filler, le test Ridgen (BS) peut s'avérer utile. Ce test détermine la teneur en vides de filler sec et compacté, et il peut être utilisé pour interpréter les caractéristiques de raidissage du béton bitumineux.

6.2.2.2. Zone Filtre adjacente

Le matériau des filtres devra préférablement être produit à partir de pierre concassée, ayant une taille des grains maximale de 63 mm avec $d_{50} > 10$ mm et $d_{15} < 10$ mm. La teneur totale en fines ne devra pas dépasser 5% du poids total.

Pour faciliter le compactage, le matériau des filtres peut être humecté avant d'être mis en place sur le barrage.

Comme les filtres adjacents sont normalement mis en place soit au-dessus, soit au-dessous de la zone extérieure, une quantité appréciable de matériau des filtres excédentaire sera requis pour la production, le transport et la mise en place.

Fig. 6.2
Adhesiveness after 72h water storage with bonding agent

FILLER (see Chapter 4.3.2 Aggregates and Filler)

Filler materials are particles between 0-0.063 mm (0-0.075 mm) and will be a combination of fines from the aggregates retained at the asphalt plant (from the bag filter) and added fines from other sources. The added fines can be crushed limestone, Portland cement or other material approved by the Client. The quantity of filler obtained from the aggregates will depend on the aggregate type and the crushing process but shall not exceed 50% of the total filler content in the asphalt concrete mix.

The workability and voids content in the mix will, to a great extent, depend on the amount of and composition of the filler in the asphalt concrete. These parameters shall be tested and documented as part of the initial asphalt concrete mix design.

For a comparison and the assessment of alternative filler sources the Ridgen Test (BS) can be useful. The Ridgen Test determines the void content of dry and compacted filler and can be used to interpret stiffening features of asphalt concrete.

6.2.2.2. Adjacent filter zone

The filter zone material shall preferably be produced from crushed rock, maximum grain size 63 mm with $d_{50} > 10$ mm and $d_{15} < 10$ mm. The total fines content shall not exceed 5% of the total weight.

The filter zone material can be wetted before being placed on the dam in order to ease compaction.

As the adjacent filter zones are normally either placed above or below the zone outside, a fair amount of surplus filter zone material will be required for production, transportation and placement.

6.2.2.3. Mastic et préparation pour l'application

Le mastic devra être appliqué sur le socle en béton, sous le noyau de béton bitumineux, afin d'obtenir une bonne liaison entre le béton et le noyau.

La méthode la plus simple pour produire du mastic dans une centrale de malaxage inclut les deux étapes suivantes :

À la première étape, des granulats dont la taille des granules se situe entre 0 et 2 (4) mm seront recouverts d'environ 2% en poids total de bitume à la centrale d'enrobage. Ce mélange « semi-sec » sera entreposé à couvert. À la deuxième étape, la quantité requise de bitume supplémentaire sera ajoutée à la chaudière à mastic.

La composition du mastic sera approximativement :

- Bitume   20%

- Filler   15%

- Granulats   65%

Le mastic devra être produit à une température qui dépend de la catégorie de bitume utilisé et il devra être transporté jusqu'au chantier dans une chaudière à mastic mobile dans laquelle la température est contrôlée par thermostat.

De l'acide stéarique (1,5% du poids du bitume) sera ajouté au mastic afin d'améliorer l'adhésion au béton du socle, au besoin.

Avant l'application de mastic, le socle en béton sera nettoyé de tous débris et résidus de coulis.

La surface sera ensuite préparée en utilisant l'une des méthodes suivantes :

- Nettoyage à l'acide chlorhydrique, suivi d'un lavage à l'eau

- Sablage de la surface en béton

- Décapage avec un jet d'eau à haute pression

Après le nettoyage du béton, une couche d'accrochage, avec un apprêt ou une émulsion au polymère, doit être pulvérisée sur la surface afin de fournir une liaison appropriée.

Lorsque le socle en béton est complètement propre et sec, une couche de mastic, d'une épaisseur d'environ 10 mm, sera appliquée. Une couche plus épaisse ou une couche supplémentaire pourrait être prise en compte sur les appuis à forte inclinaison, lorsque des contraintes élevées sont prévues entre le socle en béton et le noyau de béton bitumineux.

Le mastic aura une largeur égale à celle du noyau de béton bitumineux, augmentée au contact du socle en béton, plus 0,25 m de chaque côté.

6.2.3. Conception du mélange de béton bitumineux pour le noyau

La conception du mélange de béton bitumineux devra être basée sur ces spécifications et sur les meilleures pratiques (voir le chapitre 4.3.4, Conception du mélange).

En fonction de la conception particulière du barrage et des exigences, la conception du mélange de béton bitumineux sera déterminée par l'entrepreneur spécialiste dans son laboratoire. Après des essais de granulats provenant de l'usine de concassage, le bitume, le filler et les différents matériaux devront être mélangés conformément à la présente spécification afin d'obtenir un mélange de béton bitumineux approprié.

6.2.2.3. Mastic and preparation for application

Mastic shall be applied to the concrete plinth underneath the asphalt concrete core in order to provide a good bond between the concrete and core.

The easiest method to produce mastic in a mixing plant includes the following two steps:

In the first step aggregates of 0 to 2 (4) mm grain size will be covered with approximately 2% of bitumen (of the total weight) at the asphalt plant. This "semi dry" mix shall be stored under cover. In a second step, additional bitumen in the required amount shall be added in the mastic boiler.

The composition of the mastic shall approximately consist of:

- Bitumen   20%
- Filler   15%
- Aggregates 65%

The mastic must be produced at a temperature depending on the bitumen grade and shall be transported to the site in a mobile mastic boiler where the temperature is thermostatically controlled.

Stearic Acid (1.5% of the bitumen weight) shall be added to the mastic to improve the adhesion to the concrete plinth if necessary.

Before the mastic is applied, the concrete plinth shall be prepared by removing all loose debris and grouting residue.

The surface shall then be prepared by one of following methods:

- Washing with hydrochloric acid followed by washing with water
- Sandblasting of the concrete surface
- Jet blasting by high pressure water

After cleaning of the concrete tack coating with a polymer primer or emulsion must be sprayed on the surface to provide a suitable bond.

When the concrete plinth is completely clean and dry, the mastic shall be applied in one layer of approximately 10 mm thickness. A thicker layer or an additional layer shall be considered on steep abutments where high stresses are expected between the concrete plinth and the asphalt concrete core.

The mastic shall have a width equal to the widened asphalt concrete core towards the concrete plinth plus 0.25 m on either side.

6.2.3. Mix design of the asphalt concrete material for the core

The asphalt concrete mix design shall be based on these specifications and best practice (see chapter 4.3.4 Mix Design).

Based on the special dam design and requirements, the asphalt concrete mix design shall be established by the Specialist Contractor in his laboratory. After testing aggregates from the crushing plant, bitumen and filler, the various materials shall be mixed according to this specification in order to establish an appropriate asphalt concrete mix.

La distribution combinée des tailles des granulats devra satisfaire à la courbe granulométrique de Fuller, et celle-ci devra se situer à l'intérieur des marges prescrites ci-dessous. Le poids total des composants correspond à 100% – sans inclure le bitume.

Au besoin, les activités de concassage et de tamisage devront être ajustées afin de se situer dans les tolérances et atteindre les critères de granulométrie.

La distribution granulométrique des granulats du mélange doit rester à l'intérieur des limites suivantes (enveloppe).

Tableau 6.1
Distribution granulométrique des granulats

Taille du tamis, mm	% de la plage passée
19	100
16	90 à 100
11,2	80 à 93
8	65 à 82
4	45 à 62
2	35 à 45
1	25 à 35
0,5	19 à 28
0,25	15 à 21
0,125	12 à 18
0,063	11 à 15

Dans le rapport de conception du mélange, les résultats suivants doivent être compilés et présentés pour approbation :

- Granulats

- Courbes granulométriques

- Valeur du Los Angeles pour le granulat

- Absorption d'eau dans les granulats

- Friabilité

- Marque de bitume

- Pénétration

- Bille et anneau

- Perte au chauffage

En fonction des matériaux sélectionnés, un mélange de béton bitumineux provisoire devra être préparé avec au moins trois différentes teneurs en bitume, à savoir 6,5%, 7,0% et 7,5% (teneur en bitume en pourcentage du poids total).

La teneur en vides devra être calculée pour les échantillons préparés après que ceux-ci aient été compactés avec 30 coups de chaque côté selon la méthode de Marshall et à la température appropriée, qui dépendra de la catégorie de bitume et de la température spécifiée pour le compactage sur le barrage. Selon les résultats en matière de teneur en vides et de maniabilité, une teneur préliminaire en bitume sera déterminée.

The combined aggregate size distribution shall satisfy the Fuller gradation curve and the grading curve shall be within the margins specified below. The component weights add up to 100% - not including bitumen.

If necessary, the crushing and sieving operations have to be adjusted to be in the margins in order to achieve the gradation criteria.

The grain size distribution of the mix design must be within the following limits (envelope).

Table 6.1
Grain Size Distribution

Sieve Size, mm	Range passing %
19	100
16	90–100
11.2	80–93
8	65–82
4	45–62
2	35–45
1	25–35
0.5	19–28
0.25	15–21
0.125	12–18
0.063	11–15

In the mix design report the following results must be compiled and presented for approval:

- Aggregates

- Grading curves

- Los Angeles value for the aggregate

- Water absorption in aggregates

- Flakiness

- Bitumen brand

- Penetration

- Ball & Ring

- Loss on Heating

Based on the selected materials, a provisional asphalt concrete mix shall be prepared with a minimum of three different bitumen contents, 6.5%, 7.0% and 7.5% (bitumen content in percentage of total weight).

The void content shall be calculated on the prepared samples after they have been compacted with 30 blows on each side according to the Marshall method and at the appropriate temperature, which will depend on the bitumen grade and the temperature specified for compaction on the dam. Based on the results for the void content and workability, the preliminary bitumen content shall be decided.

Les propriétés du mélange de béton bitumineux pour la conception initiale devront être documentées par l'entremise d'un essai triaxial pour tous les barrages importants. L'essai triaxial devra être effectué dans un laboratoire ayant de l'expérience et des connaissances préalables dans l'exécution de cet essai, et les résultats devront être évalués par un professionnel chevronné et être inclus dans le rapport de conception du mélange. Si les résultats des essais triaxiaux ne sont pas appropriés pour la conception du barrage, la conception du mélange devra être modifiée et de nouveaux essais triaxiaux effectués.

6.2.4. Production du béton bitumineux

Le béton bitumineux sera produit dans une centrale de dosage (type à gâchée) ayant la capacité de produire un volume suffisant pour la mise en place d'au moins trois couches par jour à n'importe quel niveau du barrage. Les proportions de granulats, de filler et de bitume seront ajoutées automatiquement et par poids après le tamisage à chaud des différents composants. La centrale aura un avertissement ou un arrêt automatique pour toute opération ou pesée défectueuse, et elle fournira une sortie imprimée avec les détails pour chaque gâchée indiquant également la température de malaxage réelle. Les températures de malaxage dépendent de la catégorie de bitume utilisée pour le mélange.

La centrale d'enrobage devra avoir :

- Au moins 4 compartiments d'alimentation à froid

- Au moins 4 silos de stockage chaud sous les tamis de la centrale

- Deux silos de filler, un pour le filler récupéré du granulat et un pour le filler importé

- Un système de filtre à sacs pour la collecte des fines qui seront utilisées comme filler provenant des granulats

- Un silo de stockage à chaud d'une capacité minimale de 40 tonnes

La centrale de dosage aura une précision conforme aux spécifications suivantes :

± 5% pour les tamis de 2 mm et plus

± 3% pour les tamis entre 0,125 et 1 mm

± 2% pour le tamis de 0,063 mm

La déviation maximale permise pour la teneur en bitume est de ± 0,3% pour chaque essai. L'entrepreneur doit conserver tous les dossiers de production pour chaque jour et chaque couche.

6.2.5. Transport, mise en place et compactage du béton bitumineux

Le transport du béton bitumineux vers le barrage varie selon l'équipement de l'entrepreneur spécialisé. Si le béton bitumineux est transporté par camion, il doit être recouvert d'un « toit » ou d'une bâche afin de prévenir la perte de température et l'oxydation ou de le protéger contre les précipitations. Pour le transport sur de longues distances et dans des climats froids, des caisses isolées et/ou chauffées sont recommandées. La ségrégation pendant le transport doit être minimisée.

Le noyau de béton bitumineux et les filtres adjacents amont et aval doivent être construits simultanément, en couches horizontales d'une épaisseur après compactage de 20 à 25 cm. Cela devra être fait en concordance étroite avec le reste des travaux du barrage.

The properties of the asphalt concrete mix from the initial mix design shall (for all major dams) further be documented through a triaxial test. The triaxial test shall be performed at an experienced laboratory with previous knowledge in performing the test and the evaluation of the results shall be performed by an experienced professional and be a part of the mix design report. If the results of the triaxial tests are not appropriate for the dam design, the mix design shall be modified and new triaxial tests shall be performed.

6.2.4. Production of the asphalt concrete material

The asphalt concrete material shall be produced in an asphalt batch mixing plant with the capacity to produce a volume which is sufficient for laying up to three layers per day at any level of the dam. The proportions of aggregates, fillers and bitumen shall be added automatically and by weight after hot screening of the various components. The plant shall have an automatic warning or stop by any faulty operation or in-weighing and have an automatic log and print-out possibility for each batch also showing the actual mixing temperature. Mixing temperatures will depend on the bitumen grade being used for the mix.

The asphalt mixing plant shall have:

- Minimum of 4 cold feeding bins

- Minimum of 4 hot storage silos under the sieves at the plant

- Two filler silos, one for retrieved aggregate filler and one for imported filler

- A bag-filter system for collecting fines to be used as filler from the aggregates

- One hot storage silo of minimum 40 tons

The batch mixing plant shall have a production accuracy in accordance with the specifications given below:

$\pm$ 5% for grain size 2 mm and coarser

$\pm$ 3% for grain size 0.125-1 mm

$\pm$ 2% for grain size 0.063 mm

The allowable maximum deviation of the bitumen content is $\pm$ 0.3% on any single test. The Contractor has to maintain a file of the production record for each day and for each layer.

6.2.5. Transport, placing and compaction of the asphalt concrete material

Transportation of asphalt concrete material to the dam varies with the specialized contractor's equipment. If the asphalt concrete material is transported by trucks, it must be covered by a "roof" or a blanket to prevent temperature loss, oxidation or to protect from precipitation. For long distance transports and in cold climates insulated truck beds are recommended. Segregation during the transport must be minimized.

The asphalt concrete core and the adjacent upstream and downstream filter zones must be built simultaneously in horizontal layers of 20 to 25 cm compacted thickness. This shall be done in close co-production with the rest of the dam works.

Le noyau de béton bitumineux et les deux filtres adjacents amont et aval ne doivent normalement pas se trouver à plus de deux couches avant ou après la recharge adjacente. La raison est pour assurer la sécurité des opérateurs des rouleaux compacteurs, le support latéral du noyau de béton bitumineux et minimiser la quantité de matériau des filtres.

Chaque couche de béton bitumineux devra être placée à la bonne position, au-dessus de la couche précédente, en fonction des repères placés sur l'axe par les arpenteurs. La couche précédente doit être libre de toute poussière et de tout débris avant la mise en place de la nouvelle couche. Si la couche précédente est froide ou mouillée, elle doit être séchée et chauffée au moyen d'un radiateur à infrarouge. De l'air comprimé devra être utilisé au besoin pour nettoyer la surface. Des brûleurs à flamme directe au propane doivent être utilisés avec prudence pour prévenir toute oxydation du noyau de béton bitumineux mis en place. La mise en place du béton bitumineux ne devra pas être effectuée lors de fortes pluies.

La température pour la mise en place et le compactage du béton bitumineux dépend de la catégorie de bitume et des conditions locales.

Si l'épandeuse est dotée de plaques vibrantes, un pré-compactage du noyau de béton bitumineux est fait par l'épandeuse elle-même.

Le principal compactage du noyau en béton bitumineux et des filtres peut être effectué par des rouleaux compacteurs vibrants (système VEIDEKKE). Le noyau de béton bitumineux devra être compacté par un rouleau dont la largeur est égale à celle du noyau de béton bitumineux plus 15 à 20 cm, ou encore par des plaques ou des pilonneuses vibrantes. Les filtres devront être compactés par deux rouleaux compacteurs fonctionnant en parallèle, un de chaque côté du noyau, d'une largeur de 100 à 120 cm, et d'un poids d'environ 1 500 à 2 500 kg. Le nombre de passes et le compactage du noyau de béton bitumineux et des filtres seront établis pendant la section d'essai, et le noyau de béton bitumineux sera inspecté afin de s'assurer qu'aucun déplacement latéral du noyau n'a eu lieu.

Le compactage du noyau de béton bitumineux est produit au moyen de vibrations réalisées avec soin afin d'obtenir une teneur en vides de moins de 3%, ce qui correspond à une valeur k (perméabilité) d'environ 10^{-9} à 10^{-10} cm/sec (voir le chapitre 4.3.1, Exigences générales).

La largeur du noyau devrait être contrôlée périodiquement après qu'un retrait des filtres ait été effectué de part et d'autre du noyau. La largeur sera en tout temps égale ou supérieure à la largeur théorique spécifiée et avec au moins la moitié de la largeur spécifiée de chaque côté de l'axe du barrage. Par conséquent, une certaine surconsommation de béton bitumineux sera requise.

The asphalt concrete core and the two above mentioned filter zones shall normally not be more than two layers ahead or behind the adjacent shell. The reason for that is the safety of the roller operators, the lateral support of the asphalt concrete core as well as a minimized amount of surplus filter zone material.

Each asphalt concrete layer shall be laid in the correct position on top of the previous layer based on markings of the center line provided by the surveyors. The previous layer must be cleaned of any dust or debris before any new layer is placed. If the previous layer is cold or wet, it must be dried and heated by means of an infrared heater. Compressed air shall be used whenever required to clean the surface. The use of direct propane burners must be done with care to prevent any oxidation of the placed asphalt concrete core. Asphalt concrete placement shall not be performed during heavy rain fall.

The temperature for placement and compaction of the asphalt concrete material depends on the bitumen grade and local conditions.

If the core paving machine is equipped with vibratory plates, a pre-compaction of the asphalt concrete core will be done by the paver itself.

The main compaction of the asphalt concrete core and the filter zones can be performed with vibratory rollers (Veidekke system). The asphalt concrete core shall be compacted by a roller with a width equal to the asphalt concrete core plus 15 to 20 cm or by means of vibratory rammers or plates. The filter zones shall be compacted by two rollers operating in parallel, one on each side of the core, with a width of 100 to 120 cm, and weight in the range of 1,500 to 2,500 kg. The number of passes and the compaction for the asphalt concrete core and the filter zones shall be established during the trial section and the asphalt concrete core shall be inspected to ensure that no lateral displacement of the core has occurred.

The asphalt concrete core is compacted by means of careful vibration to obtain an air void content of less than 3% which corresponds to a k-value (permeability) of approximately 10^{-9} to 10^{-10} cm/sec (see chapter 4.3.1 General Requirements).

The width of the core should be periodically controlled after careful removal of the filter zones on each side. The width shall at all times be equal to or more than the specified theoretical width and with minimum half of the specified width on each side of the dam's center line. Therefore, a certain amount of overconsumption of asphalt concrete material will be necessary.

Fig. 6.3
Profil en travers typique d'un noyau de béton bitumineux provenant d'un
essai montrant l'épaisseur minimale du noyau (Traits rouges)

L'entrepreneur principal, en coopération avec l'entrepreneur spécialiste, devra organiser le travail, les matériaux et le transport afin qu'aucun retard ne soit causé pour la mise en place du matériau de remblai du barrage et du noyau de béton bitumineux. Il faut s'assurer qu'avant le compactage, le noyau de béton bitumineux ne refroidit pas sous la température requise pour la mise en place. La température du béton bitumineux devra être consignée et contrôlée pour chaque livraison au barrage. Le béton bitumineux dont la température est inférieure à la limite spécifiée ou qui a été produit à des températures trop élevées doit être rejeté.

En général, il n'est pas permis de traverser le noyau de béton bitumineux avec tout matériel qu'il soit chaud ou froid. Si cela est requis pour des raisons pratiques, des ponts portatifs, capables de supporter la totalité du poids du matériel de construction, doivent être construits. Aucune partie de la structure du pont ne devra toucher le noyau (voir le chapitre 5.4.7, Figure 5.21 Pont temporaire).

Le noyau de béton bitumineux est élargi vers le socle en béton au niveau des appuis (voir le chapitre 5.4.3, Figure 5.13 Mise en place manuelle). Pour de tels travaux, la mise en place manuelle des matériaux est requise et les mêmes exigences de qualité que pour la mise en place mécanique doivent être satisfaites.

Fig. 6.3
Typical cross section of an asphalt concrete core taken from trial field with
minimum core thickness (red lines)

The main contractor in cooperation with the specialist contractor shall organize the work, the materials and the transportation in such a way that no delay is caused for the placing of the dam fill material and the asphalt concrete core. Furthermore, it must be ensured that the asphalt concrete material does not cool down below the required temperature for the placement prior to compaction. The temperature of the asphalt concrete shall be recorded and controlled for each delivery to the dam. Asphalt concrete material with a temperature below the specified limit or asphalt concrete material that has been produced at too high temperatures must be rejected.

Generally, it is not allowed to cross the asphalt concrete core with any kind of equipment while being hot or cold. If this is needed for practical reasons, portable bridge structures, capable of fully supporting the weight of construction equipment needs to be built. No part of the bridge structure shall touch the core (see Chapter 5.4.7, Figure 5.19 Temporary bridge).

The asphalt concrete core is widened (flared) towards the concrete plinth at the abutments (see Chapter 5.4.3, Figure 5.12 Manual placement). For this kind of work, hand placement of the materials is necessary and the same quality requirements as for machine placing must be met.

6.2.6. *Section d'essai avant la construction*

Avant le début des travaux de béton bitumineux sur le barrage, l'entrepreneur spécialiste, en coopération avec l'entrepreneur général, effectuera une section d'essai. Cet essai démontrera que la centrale d'enrobage, le mélange de béton bitumineux, les méthodes de construction et le nombre de passes de compactage, le personnel et le matériel peuvent effectuer les différentes tâches et respecter les exigences de la spécification technique.

La section d'essai sera effectuée avec la largeur spécifiée du noyau et une longueur minimale de 25 m et devra inclure :

- La construction d'un socle en béton de 25 m de longueur, de 4 m de largeur et de 0,2 m d'épaisseur, y compris avec joints waterstop, au besoin.

- La démonstration de la méthode proposée pour nettoyer et préparer la surface du socle en béton.

- L'application de mastic sur une longueur de 25 m et une largeur conforme à la conception.

- La mise en place manuelle d'une couche de béton bitumineux d'une largeur conforme à la conception, avec filtres, sur les 25 m.

- La mise en place mécanique avec l'épandeuse de deux couches de béton bitumineux d'une largeur conforme à la conception, avec filtres.

Si l'entrepreneur a l'intention de mettre en place trois couches de béton bitumineux en une journée, il doit le démontrer dans la section d'essai.

Les paramètres suivants doivent être déterminés lors de l'essai :

- Mesure de la température de mise en place du béton bitumineux.

- Évaluation visuelle des travaux.

- Vérification des résultats et rapports de la centrale de dosage.

- Analyses de laboratoire par couche, comprenant les analyses des échantillons Marshall, du carottage et d'extraction.

- Analyses granulométriques des matériaux du filtre.

Une fois que le noyau de béton bitumineux dans la section d'essai a refroidi, des carottes seront prélevées à au moins trois endroits avec deux carottes par endroit. Les carottes atteindront une profondeur d'au moins 0,45 m à au moins deux endroits. À un endroit, deux carottes seront prélevées jusque dans le socle en béton afin de confirmer la liaison entre le noyau de béton bitumineux et la structure en béton.

Chaque carotte sera consignée, inspectée et testée comme suit :

- Teneur en vides

- Granulométrie

- Quantité de bitume

6.2.6. Pre-construction trial section

Prior to commencement of the asphalt concrete work on the dam, the specialist contractor in cooperation with the main contractor shall carry out a trial section. This trial shall demonstrate that the asphalt mixing plant, the asphalt concrete mix, the construction methods together with the number of passes for the compaction, the personnel and equipment can perform the various tasks and fulfill the requirements of the technical specification.

The trial section shall be conducted in the specified core width over a minimum length of 25 m and shall include:

- Construction of a concrete plinth 25 m long, 4 m wide and 0.2 m thick, including water stops if required.

- Demonstration of the method proposed to clean and to prepare the surface of the concrete plinth.

- Application of mastic over 25 m length with a width according to design.

- Construction of one layer of asphalt concrete with a width according to design and filter zones hand-placed over the full 25 m.

- Construction of two layers of asphalt concrete core with a width according to the design and filter zones placed with the core paving machine.

If the contractor intends to place 3 asphalt concrete layers in one day, he has to demonstrate this in the trial section.

The following parameters must be determined in the trial test field:

- Measurement of placing temperature of asphalt concrete material.

- Visual evaluation of the work.

- Check batch mixing plant records.

- Laboratory analyses per layer which includes Marshall samples, core drilling and extraction analyses.

- Gradation analyses of the filter materials.

After the asphalt concrete core material in the trial section has cooled down, drilled cores shall be recovered at least at three locations with two cores each. The cores shall be drilled to the depth of at least 0.45 m at a minimum of two locations. At one location two cores shall be drilled into the concrete plinth in order to confirm the bond between the asphalt concrete core and the concrete structure.

Each core shall be logged, inspected and tested as follows:

- Void content.

- Gradation.

- Bitumen amount.

- Test selon la méthode « bille et anneau »

- Pénétration

Si les résultats de la section d'essai ne sont pas satisfaisants, une nouvelle section d'essai sera construite.

Un rapport exhaustif sur la section d'essai, y compris tous les résultats obtenus et la recommandation de l'entrepreneur spécialiste, sera soumis à des fins d'approbation avant le début des travaux sur le barrage.

- Ring and Ball test.

- Penetration.

If results from the trial section are unsatisfactory, a new trial section shall be conducted.

A comprehensive report on the trial section including all results obtained and the specialist contractor's recommendations shall be submitted for approval before any work commences on the dam.

7. CONTRÔLE DE LA QUALITÉ PENDANT LA CONSTRUCTION

7.1. PROGRAMME D'ASSURANCE DE LA QUALITÉ ET DE CONTRÔLE DE LA QUALITÉ (PROGRAMME AQ/CQ)

Le programme AQ/CQ recommandé couvre les éléments suivants :

- Les spécifications générales requises pour l'entrepreneur spécialisé

- Les exigences en matière de matériaux pour le noyau de béton bitumineux et le matériau des filtres adjacents

- La conception du noyau de béton bitumineux

- La préparation et la mise en place du mastic d'asphalte

- La production du béton bitumineux

- Le transport, la mise en place et le compactage du béton bitumineux

- La performance de la section d'essai avant la construction

- Le programme d'essais pour le contrôle de la qualité devant être effectué pendant la construction

- Les exigences du laboratoire sur le chantier de construction

7.2. PROGRAMME D'ESSAI POUR LE NOYAU DE BÉTON BITUMINEUX

Pendant la construction du noyau de béton bitumineux, l'entrepreneur spécialisé devra effectuer au moins les essais suivants et en soumettre les résultats tous les jours.

Tableau 7.1
Liste de vérification du contrôle de la qualité

	Description	Quantité
À la centrale d'enrobage	Contrôle des unités de pesage	1 au début, au moins une fois par an
	Contrôle du thermomètre du mélangeur des réservoirs de bitume	1 au début, au moins une fois par an
	Contrôle des sorties de pré dosage	1 par mois
	Granulats plus remplissage, contrôle visuel, analyses de granulométrie	1 par semaine
	Qualité du bitume, pénétration	1 par livraison
	Densité et teneur en vides des échantillons Marshall Analyses du béton bitumineux y compris la granulométrie et la teneur en bitume	1 par 150 t, au moins 1 par jour de travail

(Continued)

7.   QUALITY CONTROL DURING CONSTRUCTION

7.1.   QUALITY ASSURANCE AND QUALITY CONTROL (QA/QC PROGRAM)

The QA/ QC program recommended covers the following items:

- General specifications required for the specialized contractor

- Material requirements for the asphalt concrete core and the adjacent filter zone material

- Design of the asphalt concrete core

- Asphalt mastic preparation and placement

- Production of the asphalt concrete material

- Transportation, placement, and compaction of the asphalt concrete material

- Performance of the pre-construction trial section

- Test program for the quality control to be performed during construction

- Requirements of the laboratory at the construction site

7.2.   TEST PROGRAM FOR THE ASPHALT CONCRETE CORE

During the asphalt concrete core construction, the specialized contractor shall carry out at least the following tests and shall submit the results on a daily basis.

Table 7.1
Checklist Quality Control

	Description	Amount
At the mixing plant	Control of weighting units	1 at the start, at least annually
	Control of the thermometer of mixer of bitumen tanks	1 at the start, at least annually
	Control of pre-dosing outlets	1 per month
	Aggregates plus filler, visual control, gradation analyses	1 per week
	Bitumen quality, penetration	1 per delivery
	Density and voids content on Marshall specimens Asphalt concrete analyses including gradation, bitumen content	1 per 150 tons, minimum 1 per working day

(Continued)

Tableau 7.1 (Continued)

	Description	Quantité
Pendant le transport	Couvrir le béton bitumineux sur les camions	chaque camion
	Nettoyeur diesel interdit	chaque camion
	Mesure de la température	1 au début du transport, 1 à la fin du transport
	Vérification visuelle de la ségrégation	chaque camion
À l'unité de mise en place	Mesure de la température	chaque livraison
	Inspection visuelle du béton bitumineux	chaque livraison
	Contrôle de l'axe du noyau	continuellement
	Contrôle de la surface sous-jacente	continuellement
	Contrôle du matériel	tous les jours
	Analyse du béton bitumineux	1 par 150 t, au moins 1 par jour
	Granulométrie des filtres	une fois par semaine
	Consignation des conditions météorologiques	tous les jours
Au noyau de béton bitumineux	Arpentage du noyau, largeur, hauteur, niveau	par couche
	Forage de 3 carottes de sondage pour mesurer leur densité et leur teneur en vides	1 par 4 à 6 mètres de hauteur du noyau
	Forage de 15 à 20 carottes de sondage pour mesurer la réaction triaxiale, la flexion et d'autres réactions mécaniques conformément aux exigences de conception	1 par 12 à 15 mètres de hauteur du noyau
	Méthode non destructrice (TROXLER ou équivalent)	tous les jours
	Densité sèche, teneur en vides et granulométrie des filtres	1 par 5 jours de travail
	Consignation des conditions météorologiques	tous les jours

Table 7.1 (Continued)

	Description	Amount
During the transport	Cover asphalt concrete on trucks	each truck
	Diesel cleaner forbidden	each truck
	Temperature measurement	1 at start of transport, 1 at the end of the transport
	Visual check of segregation	each truck
At the placing unit	Temperature measurement	each delivery
	Visual inspection of asphalt concrete	each delivery
	Control of core axis	continuously
	Control of underlying surface	continuously
	Equipment control	daily
	Asphalt concrete analysis	1 per 150 tons, minimum 1 per day
	Gradation of filter zones	weekly
	Weather conditions record	daily
At the asphalt concrete core	Surveying at core, width, height, level	per layer
	Drilling 3 core samples to measure the density and voids content of the core samples	1 per 4–6 m height of the core
	Drilling 15–20 core samples to test the triaxial, bending and other mechanical behaviors according to the design requirements	1 per 12–15 m height of the core
	Non-destructive method (Troxler or similar)*	daily
	Dry density, voids content and gradation of filter zones	1 per 5 working days
	Weather conditions record	daily

8. CONTRÔLE DES BARRAGES EN OPÉRATION

8.1. CONTRÔLE DE LA PERCOLATION

Fondamentalement, le contrôle de la percolation est le critère le plus sensible et le plus important permettant d'évaluer Le comportement d'un barrage et de son noyau de béton bitumineux.

Le contrôle de la percolation est souvent réalisé au pied du barrage, mais les résultats incluront non seulement les fuites possibles au travers du noyau de béton bitumineux, mais aussi au travers de la fondation et à partir des appuis côté en aval.

Un contrôle plus précis de la percolation uniquement au travers du noyau de béton bitumineux nécessite une conception spéciale qui comprend un socle en béton doté d'un système de collection par tuyaux ou d'une galerie. Une telle conception inclut, par exemple, un mur étanche de faible hauteur sur le socle en béton, situé à environ 1,5 à 2 mètres en aval du noyau de béton bitumineux et des tuyaux. Une galerie peut être avantageuse si l'injection de coulis dans les fondations doit être effectuée plus tard et indépendamment de la construction du barrage. Dans un tel cas, le système de contrôle de la percolation est incorporé à la galerie et permet une observation contrôlée des fuites, le cas échéant.

La percolation liée strictement aux noyaux de béton bitumineux, indépendante de la percolation au travers des fondations ou des appuis, pour les barrages existants est extrêmement faible et ne présente jamais de problème pour la sécurité de l'ouvrage.

8.2. CONTRÔLE DE LA DÉFORMATION

Le contrôle de la déformation d'un BRNBB est de moindre importance pour l'évaluation de la sécurité et du comportement, comparativement aux pertes par percolation et à la pression interstitielle dans les fondations et le corps du barrage. En effet, les critères les plus importants pour l'évaluation de la sécurité des barrages en remblai sont les taux de percolation et la distribution des pressions interstitielles. Le niveau d'instrumentation dépend essentiellement de la hauteur du barrage et des conditions des fondations, ainsi que d'autres exigences comme les activités de recherche, l'expérience avec de tels types de barrages dans le pays, etc.

L'instrumentation de base pour le contrôle de la déformation devra au moins inclure des bornes de surveillance en surface et éventuellement des inclinomètres. De plus, des cellules de pression totale (plaques horizontales et verticales) dans le corps du barrage et près du noyau de béton bitumineux, ou des cellules de pression situées sur le socle ou la galerie et à la base du noyau de béton bitumineux, peuvent être installées pour permettre une évaluation plus détaillée du comportement du barrage.

8. CONTROL OF DAMS IN OPERATION

8.1. SEEPAGE CONTROL

Basically, the seepage control is the most sensitive and important criteria to assess the behavior of a dam and the asphalt concrete core.

The seepage control is often installed at the dam toe but the results will include potential leakages through the asphalt concrete core, through and under the foundation and from the abutments on the downstream side.

A more precise seepage control only through the asphalt concrete core is related to a special design including a concrete plinth with a pipe collecting system or a gallery. Such a design includes, for example, a low watertight wall on the concrete plinth approximately 1.5 m to 2 m downstream of the asphalt concrete core and pipes. Galleries can be of advantage if foundation grouting should be done in a later stage and independently from the dam construction. In such a case the seepage control system is embedded in the gallery and allows a controlled observation of a leakage if there is any.

The seepage related to asphalt concrete cores and independently of the foundation or abutment seepage for existing dams is extremely low and never causes any problem for the safety assessment of the structure.

8.2. DEFORMATION CONTROL

The deformation control of an ACED is of secondary importance for the assessment of the safety and the behavior of the dam compared to the information about seepage loss and/or the pore water pressure in the foundation and the dam body. The most important criteria for the safety assessment of embankment dams are seepage rates and pore water distribution. The instrumentation level depends basically on the dam height and the foundation conditions as well as other requirements like research activities, experience with such dam types in the country, etc.

The basic instrumentation for the deformation control shall at least include geodetic surface monitoring devices and inclinometers. Additionally, earth pressure cells (horizontal and vertical plates) in the dam body and near the asphalt concrete core or pressure cells on top of the plinth or the gallery and in base of the asphalt concrete core can be installed to allow a more sophisticated assessment of the dam performance.

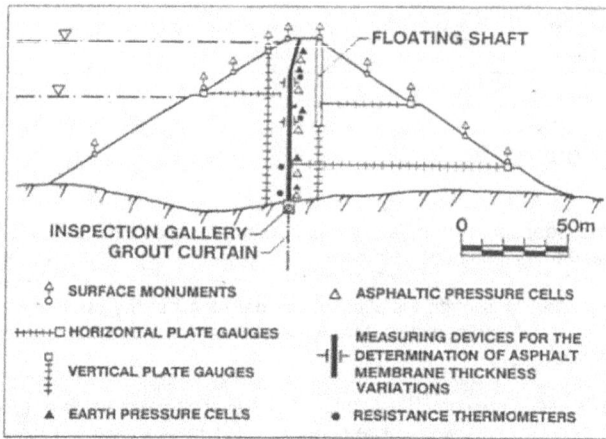

Fig. 8.1
Exemple d'instrumentation très sophistiquée sur un barrage de
90 mètres de hauteur pour des activités de recherche de base

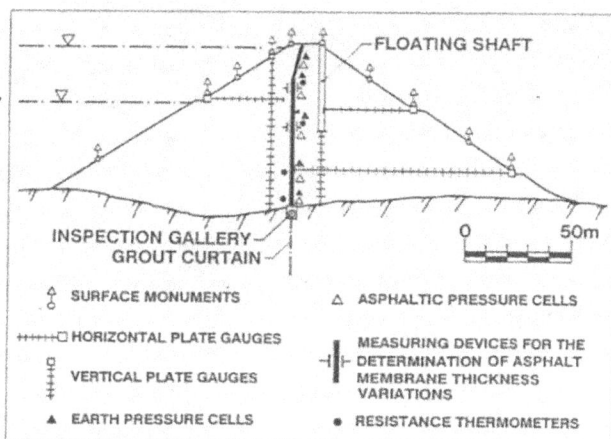

Fig. 8.1
Example of a highly sophisticated instrumentation for a
90 m high dam for basic research activities

ANNEXES

APPENDICES

ANNEXE A

APERÇU CHRONOLOGIQUE DES BARRAGES EXISTANTS, EN CONSTRUCTION (U/C) OU EN COURS DE CONCEPTION (U/D)

	Nom	Pays	Hauteur (m)	Crête (m)	Année d' achèvement	Pente moyenne; en amont	Pente moyenne; en aval	Volume 10³ (m³)	Volume d'asphalte (m³)	Épaisseur du noyau de béton bitumineux (m)
1	Kleine Dhuenn	Allemagne	35	265	1962	1:1,7/1:2,25	1:1,65/1,75	350	4500	0,7/0,6/0,5
2	Bremge	Allemagne	20	125	1962	1:2	1:2	50	1050	0,6
3	Eberlaste	Autriche	28	475	1968	1:1,75/1:2,5	1:2	850	8750	0,6/0,4
4	Koedel	Allemagne	17	90	1969	1:2,2	1:2,2	60	850	0,4
5	Legadadi	Éthiopie	26	35	1969	1:1,4	1:2	-	550	0,6
6	Wiehl	Allemagne	53	360	1971	1:2,4	1:1,6/1:2,2	900	6250	0,6/0,6/0,4
7	Meiswinkel	Allemagne	22	190	1971	1:2	1:2	90	1420	0,5/0,4
8	Finkenrath	Allemagne	14	130	1972	1:2	1:2	80	710	0,4
9	Wiehl (barrage principal)	Allemagne	18	255	1972	1:2	1:2	110	1800	0,5/0,4
10	Baihe	Chine	25	250	1973	1:1,5	1:1,5	135	540	0,15
11	Danghe (1)	Chine	58	230	1974	1:3	1:3,5	1450	11010	1,5-0,5
12	Eixendorf	Allemagne	28	150	1975	1:1,75/1:2	1:4/1:2	150	1850	0,6/0,4
13	Eicherscheid	Allemagne	18	175	1975	1:3,5	1:2,5/1:3,5	110	1450	0,4
14	Jiulikeng	Chine	44	107	1977	1:1,2	1:1,2	145	1200	0,5-0,3
15	Guotaizi	Chine	21	290	1977	1:3,5	1:3,5	290	1370	0,3
16	High Island West	Hong Kong	95	720	1977	1:2,3	1:2,3	6120	63350	1:2/0,8
17	Los Cristales	Chili	31	190/140	1977	1:2	1:2	400	3500	0,6
18	Dachang	Chine	22	180	1978	1:1,2	1:1,2	78	460	0,3
19	High Island East	Hong Kong	105	420	1978	1:2,3	1:2,3	3440	34200	1,2/0,8
20	Breitenbach	Allemagne	13	370	1978	1:2,2	1:1,5	320	3200	0,6
21	Kamigazawa	Japon	14	170	1978	1:3	1:3,5	60	1150	0,6
22	Buri	Japon	16	173	1979	1:3,2	1:3,2	80	1000	0,6
23	Finstertal	Autriche	100	652	1980	1:1,5	1:1,3	4400	25000	0,7/0,6/0,5
24	Yangjiatai	Chine	15	135	1980	1:1,4	1:1,4	33	340	0,3
25	Megget	Écosse, UK	56	568	1980	1:2,2	1:1,5/1:2,1	2100	13350	0,7/0,6
26	Grosse Dhuenn	Allemagne	63	400	1980	1:2,2	1:2,2	1400	8350	0,6
27	Vestredal	Norvège	32	500	1980	1:1,5	1:1,5	360	3250	0,5
28	Katlavatn	Norvège	35	265	1980	1:1,5	1:1,5	180	1800	0,5
29	Antrift	Allemagne	20	550	1981	-	-	400	2000	0,5
30	Langevatn	Norvège	26	290	1981	1:1,5	1:1,5	300	2000	0,5
31	Erdouwan	Chine	30	320	1981	1:1,5	1:1,5	300	1500	0,2
32	Kurbing	Chine	23	153	1981	1:1,5	1:1,4	67	390	0,2
33	Dhuenn (barrage extérieur)	Allemagne	12	115	1981	1:3	1:2	200	600	0,5
34	Sulby	Île de Man, UK	36	143	1982	1:2,2	1:2,2	800	2700	0,75
35	Kleine Kinzig	Allemagne	70	345	1982	1:1,7/1:1,6	1:1,8/1:2	1400	10000	0,7/0,5
36	Biliuhe (barrage de gauche)	Chine	49	288	1983	1:3,5	1:3,2	1560	7730	0,8-0,5
37	Biliuhe (barrage de droite)	Chine	33	113	1983	1:2	1:2,2	410	2050	0,5-0,4
38	Feldbach	Allemagne	14	110	1984	1:2	1:3	74	450	0,4
39	Wiebach	Allemagne	12	98	1985	-	-	126	200	0,5
40	Shichigashuko	Japon	37	300	1985	1:3,4	1:1,5	450	4900	0,5
41	Döerpe	Allemagne	16	118	1986	1:2	1:3	222	710	0,6
42	Lenneper Bach	Allemagne	11	93	1986	-	-	132	350	0,5
43	Wupper	Allemagne	40	280	1986	1:2	1:2,2	500	6200	0,6
44	Riskallvatn	Norvège	45	600	1986	1:1,5	1:1,4	1100	8000	0,5
45	Storvatn	Norvège	100	1472	1987	1:1,5	1:1,4	9500	49000	0,8-0,5
46	Berdalsvatn	Norvège	65	465	1988	1:1,5	1:1,4	1000	6800	0,5
47	Borovitza	Bulgarie	76	218	1988	1:2,2	1:2,1	1000	7660	0,8-0,7
48	Rottach	Allemagne	38	190	1989	1:2,2	1:2	250	2500	0,6
49	Styggevatn	Norvège	52	880	1990	1:1,5	1:1,5	2500	15275	0,5
50	Feistritzbach	Autriche	88	380	1990	1:1,5	1:1,4	1600	8750	0,7/0,6/0,5
51	Hintermuhr	Autriche	40	270	1990	1:1,1	1:1,1	320	3750	0,7/0,5
52	Queens Valley	Jersey, UK	29	170	1991	1:2	1:2	250	2100	0,6
53	Schmalwasser	Allemagne	76	325	1992	1:2,3	1:2,4	1400	13350	0,8
54	Muscat	Oman	26	110	1993	1:2	1:1,5	100	800	0,4
55	Danghe (2)	Chine	74	304	1994	1:3,5	1:2	360	2140	0,5
56	Urar	Norvège	40	151	1997	1:1,5	1:1,5	140	1500	0,5
57	Storglomvatn	Norvège	128	830	1997	1:1,5	1:1,4	5200	22500	0,95-0,5
58	Holmvatn	Norvège	60	396	1997	1:1,5	1:1,5	1200	7000	0,5
59	Hatta	Dubaï, E.A.U.	45	422	1998	1:2	1:1,64/1:1,8	1000	7600	0,6
60	Greater Ceres	Afrique du Sud	60	280	1998	1:2,4	1:1,5	5500	4500	0,5

CHRONOLOGICAL OVERVIEW OF EXISTING, UNDERCONSTRUCTION (U/C) OR UNDERDESIGNED (U/D) DAMS

	Name	Country	Height (m)	Crest (m)	Year completed	Average slope; upstream	Average slope; downstream	Volume 10³ (m³)	Asphalt volume (m³)	Asphalt core thickness (m)
1	Kleine Dhuenn	Germany	35	265	1962	1:1.7/1:2.25	1:1.65/1.75	350	4500	0.7/0.6/0.5
2	Bremge	Germany	20	125	1962	1:2	1:2	50	1050	0.6
3	Eberlaste	Austria	28	475	1968	1:1.75/1:2.5	1:2	850	8750	0.6/0.4
4	Koedel	Germany	17	90	1969	1:2.2	1:2.2	60	850	0.4
5	Legadadi	Ethiopia	26	35	1969	1:1.4	1:2		550	0.6
6	Wiehl	Germany	53	360	1971	1:2.4	1:1.6/1:2.2	900	6250	0.6/0.6/0.4
7	Meiswinkel	Germany	22	190	1971	1:2	1:2	90	1420	0.5/0.4
8	Finkenrath	Germany	14	130	1972	1:2	1:2	80	710	0.4
9	Wiehl (main dam)	Germany	18	255	1972	1:2	1:2	110	1800	0.5/0.4
10	Baihe	China	25	250	1973	1:1.5	1:1.5	135	540	0.15
11	Danghe (1)	China	58	230	1974	1:3	1:3.5	1450	11010	1.5-0.5
12	Eixendorf	Germany	28	150	1975	1:1.75/1:2	1:4/1:2	150	1850	0.6/0.4
13	Eicherscheid	Germany	18	175	1975	1:3.5	1:2.5/1:3.5	110	1450	0.4
14	Jiulikeng	China	44	107	1977	1:1.2	1:1.2	145	1200	0.5-0.3
15	Guotaizi	China	21	290	1977	1:3.5	1:3.5	290	1370	0.3
16	High Island West	Hong Kong	95	720	1977	1:2.3	1:2.3	6120	63350	1.2/0.8
17	Los Cristales	Chile	31	190/140	1977	1:2	1:2	400	3500	0.6
18	Dachang	China	22	180	1978	1:1.2	1:1.2	78	460	0.3
19	High Island East	Hong Kong	105	420	1978	1:2.3	1:2.3	3440	34200	1.2/0.8
20	Breitenbach	Germany	13	370	1978	1:2.2	1:1.5	320	3200	0.6
21	Kamigazawa	Japan	14	170	1978	1:3	1:3.5	60	1150	0.6
22	Buri	Japan	16	173	1979	1:3.2	1:3.2	80	1000	0.6
23	Finstertal	Austria	100	652	1980	1:1.5	1:1.3	4400	25000	0.7/0.6/0.5
24	Yangjiatai	China	15	135	1980	1:1.4	1:1.4	33	340	0.3
25	Megget	Scotland, UK	56	568	1980	1:2.2	1:1.5/1:2.1	2100	13350	0.7/0.6
26	Grosse Dhuenn	Germany	63	400	1980	1:2.2	1:2.2	1400	8350	0.6
27	Vestredal	Norway	32	500	1980	1:1.5	1:1.5	360	3250	0.5
28	Katlavatn	Norway	35	265	1980	1:1.5	1:1.5	180	1800	0.5
29	Antrift	Germany	20	550	1981			400	2000	0.5
30	Langevatn	Norway	26	290	1981	1:1.5	1:1.5	300	2000	0.5
31	Erdouwan	China	30	320	1981	1:1.5	1:1.5	300	1500	0.2
32	Kurbing	China	23	153	1981	1:1.5	1:1.4	67	390	0.2
33	Dhuenn (outer dam)	Germany	12	115	1981	1:3	1:2	200	600	0.5
34	Sulby	Isle of Man, UK	36	143	1982	1:2.2	1:2.2	800	2700	0.75
35	Kleine Kinzig	Germany	70	345	1982	1:1.7/1:1.6	1:1.8/1:2	1400	10000	0.7/0.5
36	Biliuhe (left dam)	China	49	288	1983	1:3.5	1:3.2	1560	7730	0.8-0.5
37	Biliuhe (right dam)	China	33	113	1983	1:2	1:2.2	410	2050	0.5-0.4
38	Feldbach	Germany	14	110	1984	1:2	1:3	74	450	0.4
39	Wiebach	Germany	12	98	1985			126	200	0.5
40	Shichigashuku	Japan	37	300	1985	1:3.4	1:1.5	450	4900	0.5
41	Dörpe	Germany	16	118	1986	1:2	1:3	222	710	0.6
42	Lenneper Bach	Germany	11	93	1986			132	350	0.5
43	Wupper	Germany	40	280	1986	1:2	1:2.2	500	6200	0.6
44	Riskallvatn	Norway	45	600	1986	1:1.5	1:1.4	1100	8000	0.5
45	Storvatn	Norway	100	1472	1987	1:1.5	1:1.4	9500	49000	0.8-0.5
46	Berdalsvatn	Norway	65	465	1988	1:1.5	1:1.4	1000	6800	0.5
47	Borovitza	Bulgaria	76	218	1988	1:2.2	1:2.1	1000	7660	0.8-0.7
48	Rottach	Germany	38	190	1989	1:2.2	1:2	250	2500	0.6
49	Styggevatn	Norway	52	880	1990	1:1.5	1:1.5	2600	15275	0.5
50	Feistritzbach	Austria	88	350	1990	1:1.5	1:1.4	1600	8750	0.7/0.6/0.5
51	Hintermuhr	Austria	40	270	1990	1:1.1	1:1.1	320	3750	0.7/0.5
52	Queens Valley	Jersey, UK	29	170	1991	1:2	1:2	250	2100	0.6
53	Schmalwasser	Germany	76	325	1992	1:2.3	1:2.4	1400	13350	0.8
54	Muscat	Oman	26	110	1993	1:2	1:1.5	100	800	0.4
55	Danghe (2)	China	74	304	1994	1:3.5	1:2	360	2140	0.5
56	Urar	Norway	40	151	1997	1:1.5	1:1.5	140	1500	0.5
57	Storglomvatn	Norway	128	830	1997	1:1.5	1:1.4	5200	22500	0.95-0.5
58	Holmvatn	Norway	60	396	1997	1:1.5	1:1.5	1200	7000	0.5
59	Hatta	Dubai, UAE	45	422	1998	1:2	1:1.64/1:1.8	1000	7600	0.6
60	Greater Ceres	South Africa	60	280	1998	1:2.4	1:1.5	5500	4500	0.5

#	Nom	Pays								
61	Algar	Espagne	30	485	1999	1:2	1:2	-	2300	0,6
62	Goldistal (barrage extérieur)	Allemagne	26	142	1999	1:2	1:3,5	200	1150	0,4
63	Dongtang	Chine	48	142	2000	1:3,5	1:2	514	4430	0,5
64	Duolate	Chine	35	112	2000	1:2,0	1:1,75			0,5
65	Kanerqi	Chine	51	319	2000	12,5	1:2	1650	6360	0,6/0,4
66	Tuo Li	Chine	22	340	2000	1:2,5	1:2,5	-	-	0,4
67	Majiagou	Chine	38	264	2001	1:2,5-1:3	1:2-1:2,5	700	4500	0,5
68	Yatang	Chine	57	407	2003	1:3,5	1:3,5	1900	10400	1-0,5
69	Jiayintala	Chine	26	160	2003	1:1-1:1,3	1:2,2	-		0,4
70	Maopingxi	Chine	104	1840	2003	1:3,5	1:2,2	12130	48500	1,2-0,6
71	New Hatta (barrage principal)	Dubaï, E.A.U.	37	228	2003	1:2	1:2,2	389	4000	0,6
72	New Hatta (barrage de col)	Dubaï, E.A.U.	12,5	208	2003	1:2	1:2,2	50	1000	0,6
73	Qiapuqihai (batardeau)	Chine	50	110	2003	-	-		1000	0,4
74	Meyeran	Iran	52	186	2004	1:2,2	1:2,4	385	6000	1
75	Mora de Rubielos	Espagne	34	215	2005	1:1,5	1:1,5	160	1600	0,5
76	Yele	Chine	125	411	2005	1:2	1:2,2	6600	38700	1,2-0,6
77	Ni'erji	Chine	40	1829	2005	1:2,25-1:2,5	1:2-1:2,25	7200	36500	0,7-0,6
78	Zhaobishan	Chine	71	121	2005	1:3,5	1:2	79	3000	0,7/0,5
79	Miduk	Iran	43	250	2006	1:2	1:1,8	400	4000	0,6
80	Müglitz	Allemagne	43	260	2006	1:2,2	1:2,4	500	5000	0,6
81	Batardeaux de Kalasuke	Chine	32/12	265/300	2006	1:1,25	1:1,25	800	3000	0,3
82	Yangjiang	Chine	43	210	2006	-	-	-	9000	0,8/0,5
83	Cgengbei	Chine	47	197	2008	1:2,5	1:2,25	-	3800	0,5
84	Murwani (barrage de col 1)	Arabie saoudite	30	437	2008	1:2,1	1:2	650	3700	0,5
85	Lontoushi	Chine	72,5	371	2008	1:2,2	1:2,2	2440	15700	1-0,5
86	Kjøsnesfjorden (barrage principal)	Norvège	25	360	2008	1:1,5	1:1,5	100	1400	0,4
87	Kjøsnesfjorden (barrage)	Norvège	20	110	2008	1:1,5	1:1,5	40	600	0,4
88	Nemiscau (barrage 1)	Canada	16,2	336	2008	1:1,8	1:1,45	52	750	0,4
89	Guanyindong	Chine	60	350	2009	1:2,25	1:2,25	1800	10200	1,1/0,5
90	Qiechanggou	Chine	30	261	2009	1:1,5	1:1,7	-		0,3/0,2
91	Xiabandi	Chine	78	406	2009	1:2,6-1:2,8	1:2,3-1:2,5	4919	22000	1,2-0,6
92	Bulongkou-Gonggeer	Chine	35	331	2010	1:3,0	1:2,75	-		0,6
93	Kaiputaixi	Chine	48	195	2010	1:3,0	1:2,75		4000	1,2/0,7
94	Kezijiaer	Chine	63	356	2010	1:2,2	1:2,0	1700	11000	0,8/0,5
95	Yutan	Chine	50	320	2010	1:2,25	1:2,4	2000	10000	1,0/0,5
96	Murwani (barrage principal)	Arabie saoudite	101	575	2010	1:2,1	1:2	5350	23800	1-0,5
97	Zletovica	Macédoine du Nord	85	270	2010	1:2,2	1:2,2	1700	8400	0,6
98	Rennersdorf	Allemagne	18,5	300	2010	1:1,24	1:1,22	-	2500	2,4/1,8/1,2/0,8/0,6
99	Foz do Chapeco	Brésil	48	600	2010	1:1,4	1:1,4	1500	14000	0,5
100	Shur River(barrage principal)	Iran	80	480	2010	1:1,75	1:1,5	2985	10200	0,6
101	Shur River(barrage de col)	Iran	34	164	2010	1:1,75	1:1,5	52	750	0,5
102	Dazhuhe	Chine	96	560	2011	1:2-1:2,1	1:1,9-1:2	-	22000	1,2-0,6
103	Gongmuzhi	Chine	45	250	2011	1:2,5	1:2,7	350	1900	0,5
104	Kushitay (batardeau)	Chine	50	300	2011	1:2,5	1:2,5		4700	0,4
105	Kushitay (barrage principal)	Chine	91	360	2011	1:2,2	1:2,0		15000	0,8-0,4
106	Sheyuegou	Chine	35	386	2011	1:2,25	1:2,0			0,4
107	Xiagou	Chine	36	216	2011	1:2,2	1:2,2	1900	12000	1,2/0,5
108	Jinwangsi	Chine	59	400	2012	1:2	1:1,8	-	12000	0,5
109	Barrage Jirau	Brésil	93	900	2012	1:1,4	1:1,4	2000	17200	0,6
110	Shaertuohai	Chine	58	-	2012	-	-	-	4800	0,6/0,5
111	Shimen	Chine	106	310	2012	1:2,2	1:2,5	-	20000	1,2/0,5
112	Tewule	Chine	65	180	2012	-	-	-	-	0,6
113	Aikou	Chine	80	217	2013	1:1,4	1:2,4	1390	11643	1,2/0,6
114	Jinping	Chine	60	300	2013	1:2	1:1,8	-	10000	0,7/0,5
115	Nuerjia	Chine	81	469	2013	1:2,5	1:2,0	3300	20000	0,6/0,4
116	Shuangqiao	Chine	73	260	2013	1:2,5	1:2,5	-	7000	0,5
117	La Romaine 2, barrage	Canada	109	496	2013	1:1,6/1:1,8	1:1,45	4546	18850	0,8/0,5
118	La Romaine 2, digue A2	Canada	31	144	2013	1:1,8	1:1,45	88	1040	0,5
119	La Romaine 2, digue B2	Canada	28	115	2013	1:1,6/1:1,8	1:1,45	73	790	0,5
120	La Romaine 2, digue D2	Canada	48	728	2013	1:1,6/1:1,8	1:1,45	666	6330	0,5
121	La Romaine 2, digue E2	Canada	39	407	2013	1:1,6/1:1,8	1:1,45	218	2470	0,5
122	La Romaine 2, digue F2	Canada	84	423	2013	1:1,6/1:1,8	1:1,45	1947	10700	0,7/0,5
123	La Romaine 1, barrage	Canada	41	850	2014	1:1,6/1:1,8	1:1,45	608	5600	0,5
124	Sanzuodian	Chine	52	614	2014	1:1,5~1:2,5	1:1,5~1:2,5	2355	18352	1,5/0,8/0,5
125	Pangduo	Chine	80	1052	2014	1:2,7	1:2,1	-	60000	0,5/1,2
126	Xiangbicui	Chine	55	123	2014	-	-	-	1800	0,7/0,5
127	Alagou	Chine	105	366	2015	1:2,2	1:2,0	-	17533	1,0/0,5
128	Erlangmiao	Chine	69	254	2015	1:2,25	1:2,4	-	7000	1,1/0,5
129	Ertanggou	Chine	65	337	2015	1:2,25	1:2,0	-	-	1,2/0,5
130	Guanmaozhou	Chine	106	243	2015	1:2,25	1:2,25	-	-	1,2/0,6

No.	Name	Country	Height	Length	Year	Upstream slope	Downstream slope	Capacity	Volume	Freeboard
61	Algar	Spain	30	485	1999	1:2	1:2		2300	0.6
62	Goldistal (outer dam)	Germany	26	142	1999	1:2	1:3.5	200	1150	0.4
63	Dongtang	China	48	142	2000	1:3.5	1:2	514	4430	0.5
64	Duolate	China	35	112	2000	1:2.0	1:1.75			0.5
65	Kanerqi	China	51	319	2000	12.5	1:2	1650	6360	0.6/0.4
66	Tuo Li	China	22	340	2000	1:2.5	1:2.5			0.4
67	Majiagou	China	38	264	2001	1:2.5-1:3	1:2-1:2.5	700	4500	0.5
68	Yatang	China	57	407	2003	1:3.5	1:3.5	1900	10400	1-0.5
69	Jiayintala	China	26	160	2003	1:1-1:1.3	1:2.2			0.4
70	Maopingxi	China	104	1840	2003	1:3.5	1:2.2	12130	48500	1.2-0.6
71	New Hatta (main dam)	Dubai, UAE	37	228	2003	1:2	1:2.2	389	4000	0.6
72	New Hatta (saddle dam)	Dubai, UAE	12.5	208	2003	1:2	1:2.2	50	1000	0.6
73	Qiapuqihai (coffer dam)	China	50	110	2003				1000	0.4
74	Meyeran	Iran	62	186	2004	1:2.2	1:2.4	385	6000	1
75	Mora de Rubielos	Spain	34	215	2005	1:1.5	1:1.5	160	1600	0.5
76	Yele	China	125	411	2005	1:2	1:2.2	6600	38700	1.2-0.6
77	Ni'erji	China	40	1829	2005	1:2.25-1:2.5	1:2-1:2.25	7200	36500	0.7-0.6
78	Zhaobishan	China	71	121	2005	1:3.5	1:2	79	3000	0.7/0.5
79	Miduk	Iran	43	250	2006	1:2	1:1.8	400	4000	0.6
80	Müglitz	Germany	43	260	2006	1:2.2	1:2.4	500	5000	0.6
81	Kalasuke cofferdams	China	32/12	265/300	2006	1:1.25	1:1.25	800	3000	0.3
82	Yangliang	China	43	210	2006				9000	0.8/0.5
83	Ceengbei	China	47	197	2008	1:2.5	1:2.25		3800	0.5
84	Murwani (saddle dam 1)	Saudi Arabia	30	437	2008	1:2.1	1:2	650	3700	0.5
85	Lontoushi	China	72.5	271	2008	1:2.2	1:2.2	2440	15700	1-0.5
86	Kjøsnesfjorden (main dam)	Norway	25	360	2008	1:1.5	1:1.5	100	1400	0.4
87	Kjøsnesfjorden (dam)	Norway	20	110	2008	1:1.5	1:1.5	40	600	0.4
88	Nemiscau (dam 1)	Canada	16.2	336	2008	1:1.8	1:1.45	52	750	0.4
89	Guanyindong	China	60	350	2009	1:2.25	1:2.25	1800	10200	1.1/0.5
90	Qiechanggou	China	30	261	2009	1:1.5	1:1.7			0.3/0.2
91	Xiabandi	China	78	406	2009	1:2.6-1:2.8	1:2.3-1:2.5	4919	22000	1.2-0.6
92	Bulongkou-Gonggeer	China	35	331	2010	1:3.0	1:2.75			0.6
93	Kaiputaixi	China	48	195	2010	1:3.0	1:2.75		4000	1.2/0.7
94	Kezijiaer	China	63	356	2010	1:2.2	1:2.0	1700	11000	0.8/0.5
95	Yutan	China	50	320	2010	1:2.25	1:2.4	2000	10000	1.0/0.5
96	Murwani (main dam)	Saudi Arabia	101	575	2010	1:2.1	1:2	5350	23800	1-0.5
97	Zletovica	Macedonia	85	270	2010	1:2.2	1:2.2	1700	8400	0.6
98	Rennersdorf	Germany	18,50	300	2010	1:1.24	1:1.22		2500	2.4/1.8/1.2/0.8/0.6
99	Foz do Chapeco	Brazil	48	600	2010	1:1.4	1:1.4	1500	14000	0.5
100	Shur River(main dam)	Iran	80	480	2010	1:1.75	1:1.5	2985	10200	0.6
101	Shur River(saddle)	Iran	34	164	2010	1:1.75	1:1.5	52	750	0.5
102	Dazhuhe	China	96	560	2011	1:2-1:2.1	1:1.9-1:2		22000	1.2-0.6
103	Gongmuzhi	China	45	250	2011	1:2.5	1:2.7	350	1900	0.5
104	Kushitay cofferdam	China	50	300	2011	1:2.5	1:2.5		4700	0.4
105	Kushitay main dam	China	91	360	2011	1:2.2	1:2.0		15000	0.8-0.4
106	Sheyuegou	China	35	386	2011	1:2.25	1:2.0			0.4
107	Xiagou	China	36	216	2011	1:2.2	1:2.2	1900	12000	1.2/0.5
108	Jinwangsi	China	59	400	2012	1:2	1:1.8		12000	0.5
109	Jirau Dam	Brazil	93	900	2012	1:1.4	1:1.4	2000	17200	0.6
110	Shaertuoha	China	58		2012				4800	0.6/0.5
111	Shimen	China	106	310	2012	1:2.2	1:2.5		20000	1.2/0.5
112	Tewule	China	65	180	2012					0.6
113	Aikou	China	80	217	2013	1:1.4	1:2.4	1390	11643	1.2/0.6
114	Jinping	China	60	300	2013	1:2	1:1.8		10000	0.7/0.5
115	Nuerjia	China	81	469	2013	1:2.5	1:2.0	3300	20000	0.6/0.4
116	Shuangqiao	China	73	260	2013	1:2.5	1:2.5		7000	0.5
117	La Romaine 2 (main dam)	Canada	109	496	2013	1:1.6/1:1.8	1:1.45	4546	18850	0.8/0.5
118	La Romaine 2, Dike A2	Canada	31	144	2013	1:1.8	1:1.45	88	1040	0.5
119	La Romaine 2, Dike B2	Canada	28	115	2013	1:1.6/1:1.8	1:1.45	73	790	0.5
120	La Romaine 2, Dike D2	Canada	48	728	2013	1:1.6/1:1.8	1:1.45	666	6330	0.5
121	La Romaine 2, Dike E2	Canada	39	407	2013	1:1.6/1:1.8	1:1.45	218	2470	0.5
122	La Romaine 2, Dike F2	Canada	84	423	2013	1:1.6/1:1.8	1:1.45	1947	10700	0.7/0.5
123	La Romaine 1 (main dam)	Canada	41	850	2014	1:1.6/1:1.8	1:1.45	608	5600	0.5
124	Sanzuodian	China	52	614	2014	1:1.5~1:2.5	1:1.5-1:2.5	2355	18352	1.5/0.8/0.5
125	Pangduo	China	80	1052	2014	1:2.7	1:2.1		60000	0.5/1.2
126	Xiangbicui	China	55	123	2014				1800	0.7/0.5
127	Alagou	China	105	366	2015	1:2.2	1:2.0		17533	1.0/0.5
128	Erlangmiao	China	69	254	2015	1:2.25	1:2.4		7000	1.1/0.5
129	Ertangou	China	65	337	2015	1:2.25	1:2.0			1.2/0.5
130	Guanmaozhou	China	106	243	2015	1:2.25	1:2.25			1.2/0.6

#	Nom	Pays								
131	Huangjinping	Chine	81	402	2015	1:1,8	1:1,8	-	27000	1/0,6
132	Jinwangsi	Chine	59	400	2015	1:2,0	1:1,8		12000	0,5
133	Wuyi	Chine	103	374	2015	1:2,5	1:2,0		16000	1,2/0,6
134	Tianxingqiao	Chine	40	350	2015	1:2,5	1:2,5	130	12000	0,5
135	Zhaizihe	Chine	93,5	256	2015	1:1,8	1:1,8	1720	12480	1,0/0,6
136	Shuangqiao	Chine	73	260	2015	1:2,5	1:2,5		7000	0,5
137	Nuerjia	Chine	60	220	2015	1:2,5	1:2,5		6000	0,6/0,4
138	Tabalah	Arabie saoudite	47	390	2015	1:2,4	1:2,4	-	7500	0,5
139	Sanxianhu	Chine	41	360	2016	1:2,5	1:2,3	-	6343	0,6
140	Maanshan	Chine	80	300	2016	1:2,0	1:2,2		7000	0,8/0,6
141	Kayingdebulake	Chine	70	360	2016	1:2,5	1:2,5		12000	0,7/0,6
142	Milanshankou	Chine	81	450	2016	1:1,8	1:1,8		17000	1,0/0,8/0,6
143	Barrage Nagore	Espagne	30	660	2016	1:1,5	1:1,5	-	8000	0,5
144	Laojiaoxi	Chine	56	280	2016	1:2,0	1:2,0		6000	0,7/0,5
145	Bajiao	Chine	60	460	2016	1:2,0	1:2,2		7000	0,7/0,5
146	Wantanhe	Chine	89	254	2016	-	-	2482	12300	0,7/0,5
147	Quxue	Chine	174	219	2017	1:1,9	1:1,8	490	20000	1,3-0,6
148	Zhongye	Chine	72	360	2017	1:1,8	1:1,8		7000	0,7/0,5
149	Bajiao	Chine	60	450	2017	1:2,5	1:2,5		7500	0,7/0,5
150	Qiongzhong	Chine	30	600	2017	1:2,2	1:2,0		400	0,6/0,5
151	Barrage Wadi Fulaij (Sur)	Oman	23	900	2017	1:2,5	1:2,5	1Mio	14000	1,2/0,8
152	Barrage Fulaij (protection crues)	Oman	24	1005	2017	1:2,5	1:2,5		17300	0,8
153	Barrage Zarema May Day	Éthiopie	153	695	2017	1:2	1:1,8	-	-	-
154	New Skjerka (barrage principal)	Norvège	60	460	2017	1:1,5	1:1,5	600	7700	0,5
155	New Skjerka, Heddersvika	Norvège	30	550	2017	1:1,5	1:1,5	400	4500	0,5
156	Longsheng	Chine	42	500	2017	1:2,0	1:1,8		10000	0,7/0,5
157	Qiayang	Chine	40	800	2017	1:2,5	1:2,2		6000	0,8/0,6
158	Yalong	Chine	80	400	2017	1:2,5	1:2,2		12000	0,8/0,6
159	Jieba	Chine	70	300	2017	1:2,2	1:2,0		7000	0,8/0,6
160	Nuer	Chine	80	740	2017	1:2,5	1:2,2		26000	1,2/0,6
161	West Silver Basin	États-Unis	44	430	2018	1:1,65	1:1,5	942	7050	0,6
162	Shuangxiahuo	Chine	78	220	2018	1:2,0	1:1,8	7200	4645	0,8/0,5
163	Xiaqinggou	Chine	60	150	2018	1:2,2	1:2		3000	0,6/0,5
164	Panglonghu	Chine	45	400	2018	1:2,0	1:1,8		6000	0,6/0,4
165	Hexin	Chine	32	300	2018	1:2,2	1:2,0		2000	0,8/0,6
166	Honggeer	Chine	69	400	u/c	1:2,0	1:2,0		10000	0,7/0,5
167	Bingguohe	Chine	60	260	u/c	1:2,5	1:2,5		4000	0,6
168	Yangjiahe	Chine	40	400	u/c	1:2,5	1:2,5		6000	0,5
169	Tongchang	Chine	81	350	u/c	1:2,0	1:2,0		10000	0,7/0,5
170	Jiaozishan	Chine	101	400	u/c	1:2,5	1:2,2		23000	1/1/0,9/0,7
171	Badashi	Chine	113	300	u/c	1:2,25	1:2,0	-		
172	Dashimen	Chine	128	194	u/c	1:2,5	1:2,5	-	15000	1,4/0,6
173	Leyuan	Chine	67	165	u/c	1:1,8	1:2,25	-	5283	0,6/0,7
174	Dunhua (barrage supérieur)	Chine	48	952	u/c	1:2,0	1:2,5		23600	0,8/0,6
175	Dunhua (barrage inférieur)	Chine	70	410	u/c	1:2,0	1:2,0		12300	1,0/0,8/0,6
176	Niya	Chine	132	368	u/c	1:2,0	1:2,0		20000	1:4/0,6
177	Gagan	Chine	46	300	u/c	1:2,2	1:2		5600	0,5
178	Guoqing	Chine	52	264	u/c	1:2,3	1:1,8		6000	0,8/0,6
179	Barrage Karakurt	Turquie	142	450	u/c	1:1,45	1:1,25	4000	35000	1,2/0,6
180	Barrage Antamina talings	Pérou	22	1000	u/c	1:1,7	1:1,7		44000	2,0
181	Namsvatn	Norvège	25	330	u/c	1:1,5	1:1,5		3000	0,5
182	Barrage New Langvatn	Norvège	36	320	u/c	1:1,5	1:1,5		2000	0,4
183	Barrage Moglice	Albanie	150	295	u/c	1:1,5	1:1,5		19000	-
184	Barrage Plovdivtsi	Bulgarie	46	225	u/c	1:1,8	1:1,7	-	3500	0,6/0,5
185	Niederpöbel	Allemagne	28	200	u/c	1:2	1:2			
186	Xinba	Chine	52	213	u/d	1:1,8	1:1,8	7180	4645	-
187	Hongshuihe	Chine	87	600	u/d	1:2,0	1:2,2		30000	1,0/0,8/0,6
188	Aoyiaezi	Chine	93	502	u/d	1:2,0	1:2,0	-		1,2/0,6
189	Barrage Chimney Hollow	États-Unis	108	1120	u/d	1:1,5	1:1,5	9710	59120	1,0/0,6
190	Barrage de stockage d'eau KSM	Canada	150	700	u/d	1:2,25	1:1,75	-		1,2
191	Al-Lith	Arabie saoudite	79	420	u/d				10600	
192	Al-Khoud	Oman	46	455	u/d	1:2,5	1:2,5	2000	12480	0,8
193	Barrage Frieda River	Papouasie-N.-G.	187	720	u/d	1:1,7	1:2	26000	142000	1,5

	Name	Country	H	L	Year					
131	Huangjinping	China	81	402	2015	1:1.8	1:1.8	.	27000	1/0.6
132	Jinwangsi	China	59	400	2015	1:2.0	1:1.8		12000	0.5
133	Wuyi	China	103	374	2015	1:2.5	1:2.0		16000	1.2/0.6
134	Tianxingqiao	China	40	350	2015	1:2.5	1:2.5	130	12000	0.5
135	Zhaizihe	China	93.5	256	2015	1:1.8	1:1.8	1720	12480	1.0/0.6
136	Shuangqiao	China	73	260	2015	1:2.5	1:2.5		7000	0.5
137	Nuerjia	China	60	220	2015	1:2.5	1:2.5		6000	0.6/0.4
138	Tabalah	Saudi Arabia	47	390	2015	1:2.4	1:2.4		7500	0.5
139	Sanxianhu	China	41	360	2016	1:2.5	1:2.3	.	6343	0.6
140	Maanshan	China	80	300	2016	1:2.0	1:2.2		7000	0.8/0.6
141	Kayingdebulake	China	70	360	2016	1:2.5	1:2.5		12000	0.7/0.6
142	Milanshankou	China	81	490	2016	1:1.8	1:1.8		17000	1.0/0.8/0.6
143	Nagore Dam	Spain	30	660	2016	1:1.5	1:1.5		8000	0.5
144	Laojiaoxi	China	56	280	2016	1:2.0	1:2.0		6000	0.7/0.5
145	Bajiao	China	60	460	2016	1:2.0	1:2.2		7000	0.7/0.5
146	Wantanhe	China	89	254	2016			2482	12300	0.7/0.5
147	Quxue	China	174	219	2017	1:1.9	1:1.8	490	20000	1.3-0.6
148	Zhongye	China	72	360	2017	1:1.8	1:1.8		7000	0.7/0.5
149	Bajiao	China	60	450	2017	1:2.5	1:2.5		7500	0.7/0.5
150	Qiongzhong	China	30	600	2017	1:2.2	1:2.0		400	0.6/0.5
151	Wadi Fulaij Dam (Sur)	Oman	23	900	2017	1:2.5	1:2.5	1Mio	14000	1.2/0.8
152	Fulaij Flood Protection Dam	Oman	24	1005	2017	1:2.5	1:2.5		17300	0.8
153	Zarema May Day Dam	Ethiopia	153	695	2017	1:2	1:1.8			
154	New Skjerka (main dam)	Norway	60	460	2017	1:1.5	1:1.5	600	7700	0.5
155	New Skjerka, Heddersvika	Norway	30	550	2017	1:1.5	1:1.5	400	4500	0.5
156	Longsheng	China	42	500	2017	1:2.0	1:1.8		10000	0.7/0.5
157	Qiayang	China	40	800	2017	1:2.5	1:2.2		6000	0.8/0.6
158	Yalong	China	80	400	2017	1:2.5	1:2.2		12000	0.8/0.6
159	Jieba	China	70	300	2017	1:2.2	1:2.0		7000	0.8/0.6
160	Nuer	China	80	740	2017	1:2.5	1:2.2		26000	1.2/0.6
161	West Silver Basin	USA	44	430	2018	1:1.65	1:1.5	942	7050	0.6
162	Shuangxiahuo	China	78	220	2018	1:2.0	1:1.8	7200	4645	0.8/0.6
163	Xiaqinggou	China	60	150	2018	1:2.2	1:2		3000	0.6/0.5
164	Panglonghu	China	45	400	2018	1:2.0	1:1.8		6000	0.6/0.4
165	Hexin	China	32	300	2018	1:2.2	1:2.0		2000	0.8/0.6
166	Honggeer	China	69	400	u/c	1:2.0	1:2.0		10000	0.7/0.5
167	Bingguohe	China	60	260	u/c	1:2.5	1:2.5		4000	0.6
168	Yangjiahe	China	40	400	u/c	1:2.5	1:2.5		6000	0.5
169	Tongchang	China	81	350	u/c	1:2.0	1:2.0		10000	0.7/0.5
170	Jiaozishan	China	101	400	u/c	1:2.5	1:2.2		23000	1/1/0.9/0.7
171	Badashi	China	113	300	u/c	1:3.25	1:2.0		.	
172	Dashimen	China	128	194	u/c	1:2.5	1:2.5		15000	1.4/0.6
173	Leyuan	China	67	165	u/c	1:1.8	1:2.25		5283	0.6/0.7
174	Dunhua(upper dam)	China	48	952	u/c	1:2.0	1:2.5		23600	0.8/0.6
175	Dunhua(lower dam)	China	70	410	u/c	1:2.0	1:2.0		12300	1.0/0.8/0.6
176	Niya	China	132	368	u/c	1:2.0	1:2.0		20000	1.4/0.6
177	Gayan	China	46	300	u/c	1:2.2	1:2		5600	0.5
178	Guoqing	China	52	264	u/c	1:2.3	1:1.8		6000	0.8/0.6
179	Karakurt Dam	Turkey	142	450	u/c	1:1.45	1:1.25	4000	35000	1.2/0.6
180	Antamina tailings Dam	Peru	22	1000	u/c	1:1.7	1:1.7		44000	2.0
181	Namsvatn	Norway	25	330	u/c	1:1.5	1:1.5		3000	0.5
182	New Langvatn Dam	Norway	36	320	u/c	1:1.5	1:1.5		2000	0.4
183	Moglice Dam	Albania	150	295	u/c	1:1.5	1:1.5		19000	
184	Plovdivtsi Dam	Bulgaria	46	225	u/c	1:1.8	1:1.7		3500	0.6/0.5
185	Niederpöbel	Germany	28	200	u/c	1:2	1:2			
186	Xinba	China	52	213	u/d	1:1.8	1:1.8	7180	4645	
187	Hongshuihe	China	87	600	u/d	1:2.0	1:2.2		30000	1.0/0.8/0.6
188	Aoyiaezi	China	93	502	u/d	1:2.0	1:2.0			1.2/0.6
189	Chimney Hollow Dam	USA	108	1120	u/d	1:1.5	1:1.5	9710	59120	1.0/0.6
190	KSM-Water Storage Dam	Canada	150	700	u/d	1:2.25	1:1.75			1.2
191	Al-Lith	Saudi Arabia	79	420	u/d				10600	
192	Al-Khoud	Oman	46	455	u/d	1:2.5	1:2.5	2000	12480	0.8
193	Frieda River Dam	Papua New Guinea	187	720	u/d	1:1.7	1:2	26000	142000	1.5

BARRAGES À NOYAU DE BÉTON BITUMINEUX DE PROJETS SÉLECTIONNÉS

B.1   BARRAGE EBERLASTE, AUTRICHE

Tableau B.1.1
Barrage Eberlaste – Renseignements généraux

Nom du barrage	Eberlaste
Pays	Autriche
But	Centrale hydro-électrique
Année d'achèvement	1971
Hauteur du barrage (axe)	28 m
Capacité totale d'accumulation	8,2 10^6 m³
Volume du barrage	0,79 10^6 m³
Talus amont	1: 1,75 et 1: 2,5
Talus aval	1: 2
Noyau de béton bitumineux	6 600 m³, vertical
Étanchéisation souterraine	Écran : tranchée de boue
Matériau de remplissage, recharges du barrage	Matériau d'éboulis, graviers
Fondation du barrage, vallée centrale	Dépôt fluvial et alluvial, matériau d'éboulis perméable imbriqué, profondeur d'environ 125 m
Fondations du barrage, appuis	Gneiss granitique

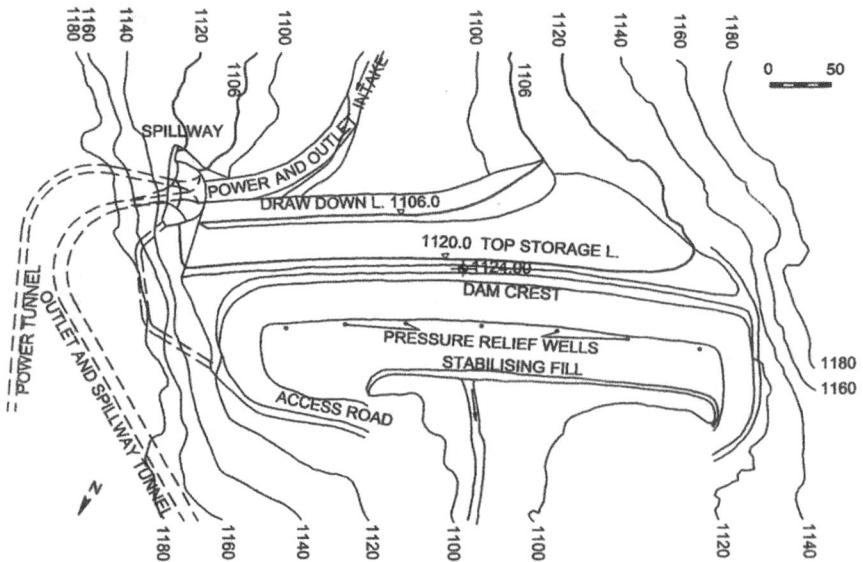

Figure B.1.1
Barrage Eberlaste – Disposition

APPENDIX B

DAMS WITH ASPHALT CONCRETE CORES OF SELECTED PROJECTS

B.1 EBERLASTE DAM, AUSTRIA

Table B.1.1
Eberlaste Dam – General Information

Dam Name	Eberlaste
Country	Austria
Purpose	HPP Zemm/Ziller
Year of Completion	1971
Dam Height (Axis)	28 m
Storage Capacity Total	8.2 Mio. m³
Dam Volume	0.79 Mio. m³
Upstream Slope	1 : 1.75 and 1 : 2.5
Downstream Slope	1 : 2
Asphalt Concrete Core	6,600 m³, vertical
Underground Sealing	Slurry cut-off wall
Fill Material, Dam Shoulders	Talus material, gravels
Dam Foundation, Central Valley	River deposits and alluvium material, interlocked permeable talus material, depth about 125 m
Dam Foundation, Abutments	Granitic gneiss

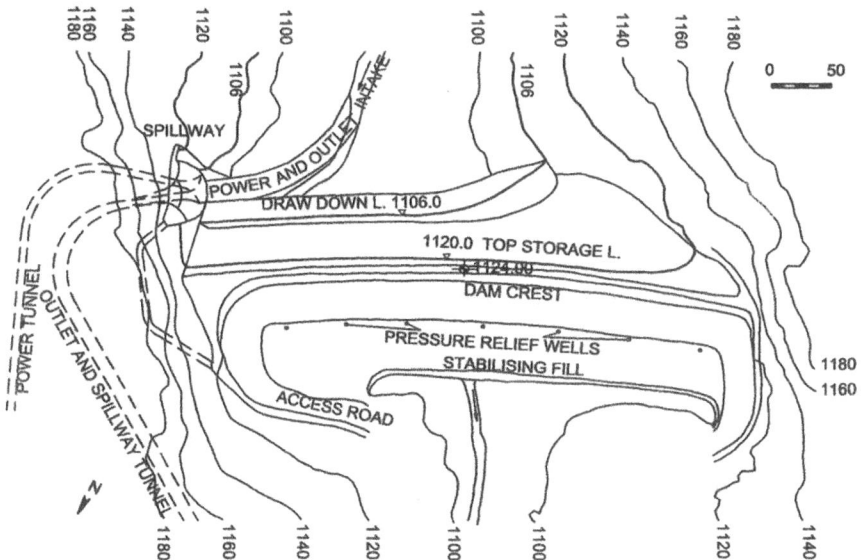

Figure B.1.1
Eberlaste Dam – Layout

171

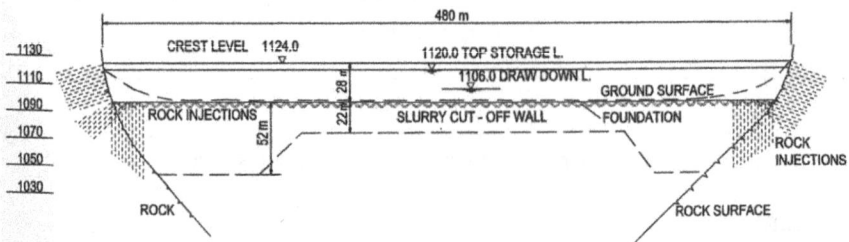

Figure B.1.2
Barrage Eberlaste – Profil longitudinal

CROSS SECTION

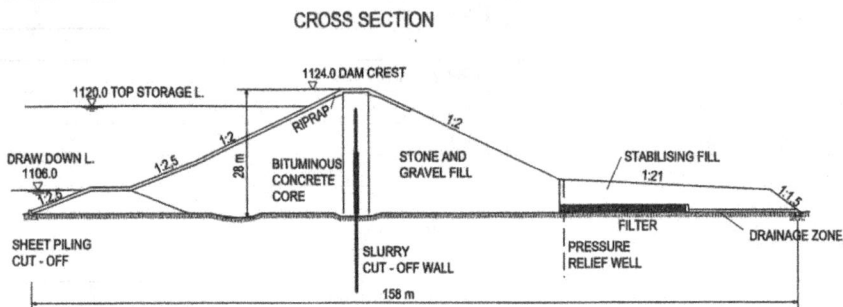

Figure B.1.3
Barrage Eberlaste – Profil en travers

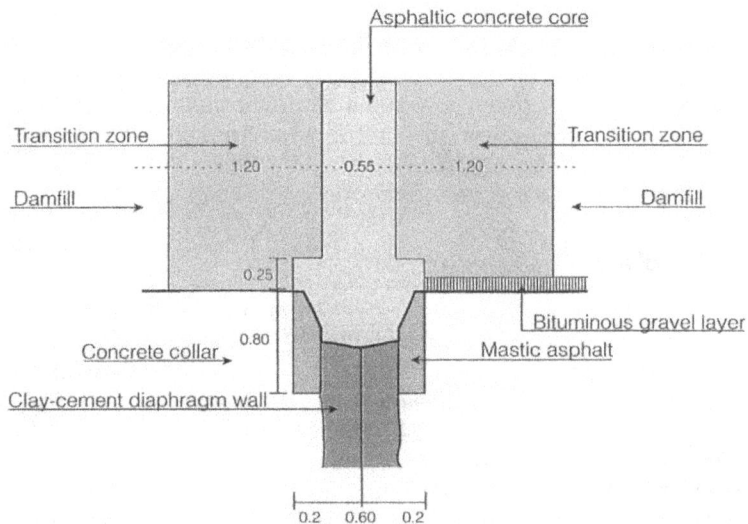

Figure B.1.4
Détail de la connexion entre le noyau en béton bitumineux et l'écran para-fouille

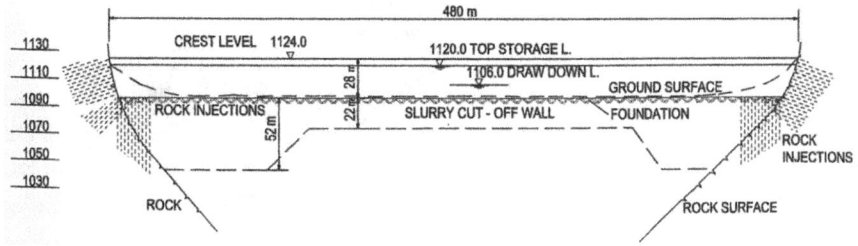

Figure B.1.2
Eberlaste Dam – Longitudinal section

CROSS SECTION

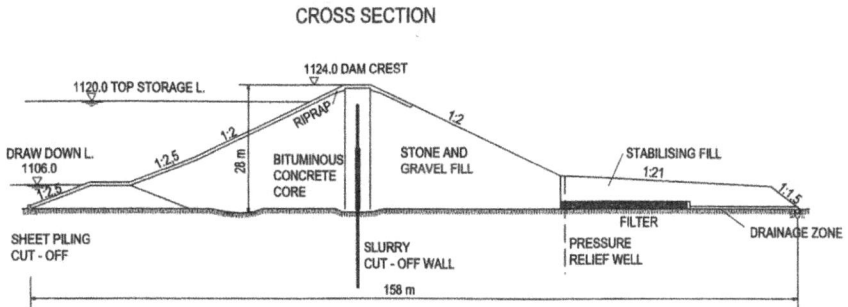

Figure B.1.3
Eberlaste Dam – Cross section

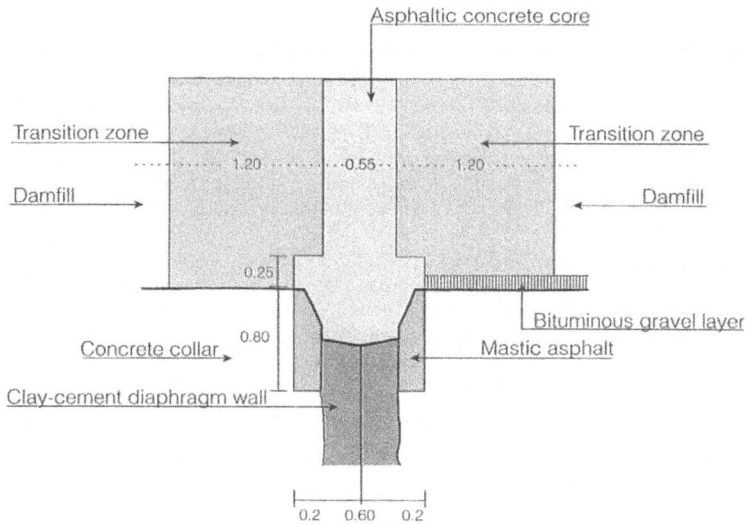

Figure B.1.4
Detail Connection AC Core/Cut-off Wall

Tableau B.1.2
Barrage Eberlaste – Détails de la construction

Matériau de la recharge	Matériau d'éboulis et graviers triés
Filtre amont et aval	1,2 mètre de largeur, 80 mm
Largeur du noyau	50, 40 cm
Épaisseur couche du noyau	Environ 25 cm
Bitume	B300 (plage de pénétration jusqu'à 300/10 mm)
Teneur en bitume	8%
Taille maximale des granulats	25 mm
Teneur en filler	8%, calcaire
Épandeuse	STRABAG, 2e génération
Matériel de compactage	3 rouleaux compacteurs vibrants
Instrumentation	Appareils de mesure de percolation, 14 piézomètres, 15 puits de décompression, surveillance géodésique
Contrôle de la qualité	Comme défini par l'employeur
Analyses numériques	Non

Caractéristiques de conception particulières

- La laitance utilisée pour l'écran parafouille des fondations était composée de sol-ciment avec des granulats de 0 à 40 mm, de ciment, de bentonite et d'additifs chimiques.

- Un écran parafouille permettant de réduire à une quantité raisonnable la percolation au travers des fondations a été construit; une imperméabilité totale des fondations n'est pas possible.

- La profondeur de l'écran parafouille dans la vallée centrale est de 22 mètres. Des couches interstratifiées, dans lesquelles des rochers étaient prévalents au niveau des appuis, ont nécessité un prolongement de l'écran parafouille jusqu'à une profondeur de 52 mètres.

- Un remblai de stabilisation de 50 mètres de longueur a été mis en place au pied aval du barrage, afin d'assurer une sécurité adéquate pour la stabilité des fondations.

- Les tassements différentiels des fondations du barrage et du noyau de béton bitumineux, ainsi que du mur parafouille, ont induits des contraintes importantes.

- Comme des tassements importants des fondations du barrage et du barrage en remblai étaient prévus, un mélange de béton bitumineux très mou a été utilisé.

- Pendant la construction, les fondations se sont tassées d'environ 2,20 mètres au centre de la vallée. Après la construction, des tassements secondaires de plus de 20 cm ont été observés.

Table B.1.2
Eberlaste Dam - Construction Details

Shell Material	Talus material and sorted gravels
Filter Zone Upstream and Downstream	1.2 m wide, 80 mm
ACED Width	50, 40 cm
ACED Placing Thickness	approx. 25 cm
Bitumen	B300 (Penetration range up to 300/10 mm)
Bitumen Content	8%
Max. Grain Size, Aggregates	25 mm
Filler Content	8%, Limestone
AC Paving Equipment	STRABAG, 2nd generation
Compaction Equipment	3 vibratory rollers
Instrumentation	Seepage measuring devices, 14 piezometers, 15 relief wells, geodetic monitoring
Quality Control	As defined by the Employer
Numerical Analyses	No

Special Design Features

- The slurry used for the foundation cut-off wall consisted of soil cement with 0 to 40 mm aggregates, cement, bentonite and chemical additives.

- A cut-off wall to reduce the seepage through the foundation to a reasonable amount was constructed; a complete imperviousness of the foundation cannot be achieved.

- The cut-off wall depth in central valley is 22 m. Permeable interlayers with boulders prevailing at the abutments required a cut-off extension to a depth of 52 m.

- A 50 m long stabilizing fill was placed adjacent to the downstream dam toe to ensure adequate safety against foundation failure.

- Differential settlements of the dam foundation and the asphalt concrete core as well as the slurry-trench cut-off were subjected to substantial stresses.

- Greater settlements of dam foundation and embankment dam were expected and therefore a very soft asphalt concrete mix was used.

- During the construction, the foundation settled about 2.20 m in middle of the valley. After the construction secondary settlements of more than 20 cm were observed.

B.2   GROSSE DHÜNN, ALLEMAGNE

Tableau B.2.1
Barrage Grosse Dhünn – Renseignements généraux

Nom du barrage	Grosse Dhünn
Pays	Allemagne
But	Approvisionnement en eau, protection contre les crues
Année d'achèvement	1984
Hauteur du barrage (axe)	63 m
Capacité totale d'accumulation	84 10^6 m³
Volume du barrage	1,2 10^6 m³
Talus amont	1: 1,75
Talus aval	1: 1,75
Noyau de béton bitumineux	8 000 m³, vertical et incliné
Étanchéisation souterraine	Voile d'étanchéité, 1 et 2 rangées
Matériau de remplissage, recharges du barrage	Enrochement
Fondation du barrage, vallée centrale	Partiellement mort-terrain, différentes fondations rocheuses, limon et grès
Fondations du barrage, appuis	Limon et grès

Tableau B.2.2
Barrage Grosse Dhünn – Détails de la construction

Matériau de la recharge	Enrochement, taille maximale des blocs 30 cm dans la zone intérieure et 60 cm dans la zone extérieure
Filtre amont et aval	3 mètres de largeur chacun, 22/56 mm
Largeur du noyau en béton bitumineux	60 cm
Épaisseur de mise en place du noyau en béton bitumineux	environ 25 cm
Bitume	B 80
Teneur en bitume	6,5%
Taille maximale des granulats	16 mm
Teneur en filler	14%, calcaire
Épandeuse pour le béton bitumineux	STRABAG, 3e génération
Matériel de compactage	3 rouleaux compacteurs vibrants
Instrumentation	Jauges de déformation interne horizontale et verticale, extensomètres, cellules de pression, appareils de mesure de l'épaisseur du noyau, contrôle de la percolation par sections, surveillance géodésique
Contrôle de la qualité	Comme défini par l'employeur
Analyses numériques	Oui

B.2   GROSSE DHÜNN, GERMANY

Table B.2.1
Grosse Dhünn Dam – General Information

Dam Name	Grosse Dhünn
Country	Germany
Purpose	Water supply, flood protection
Year of Completion	1984
Dam Height (Axis)	63 m
Storage Capacity Total	84 Mio. m³
Dam Volume	1.2 Mio. m³
Upstream Slope	1 : 1.75
Downstream Slope	1 : 1.75
Asphalt Concrete Core	8,000 m³, vertical and inclined
Underground Sealing	Grout curtain, 1 and 2 rows
Fill Material, Dam Shoulders	Rockfill
Dam Foundation, Central Valley	Partly overburden, different rock foundations, silt and sandstone
Dam Foundation, Abutments	Silt and sandstone

Table B.2.2
Grosse Dhünn Dam - Construction Details

Shell Material	Rockfill, max. grain size inner zone 30 cm and outer zone 60 cm
Filter Zone Upstream and Downstream	3 m width each, 22/56 mm
AC Width	60 cm
AC Placing Thickness	approx. 25 cm
Bitumen	B 80
Bitumen Content	6.5%
Max. Grain Size, Aggregates	16 mm
Filler Content	14% Limestone Filler
AC Paving Equipment	STRABAG, 3rd generation
Compaction Equipment	3 vibratory rollers
Instrumentation	Floating shaft, internal horizontal and vertical deformation gauges, extensometers, earth and asphalt concrete pressure cells, asphalt concrete core thickness measuring devices, sectioned seepage control, geodetic monitoring
Quality Control	As defined by the Employer
Numerical Analyses	Yes

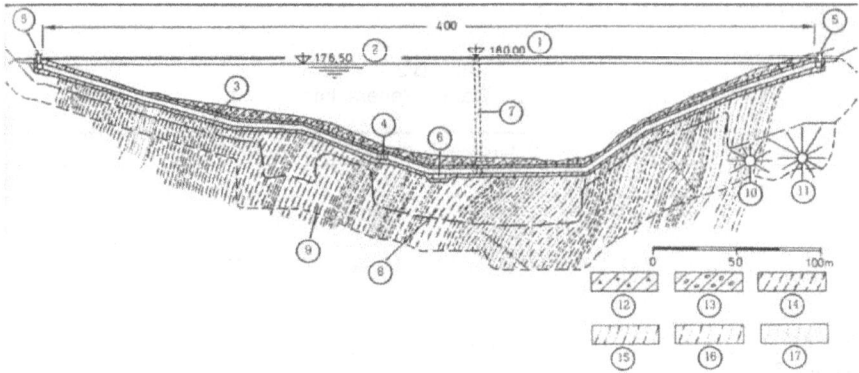

Figure B.2.1
Profil longitudinal

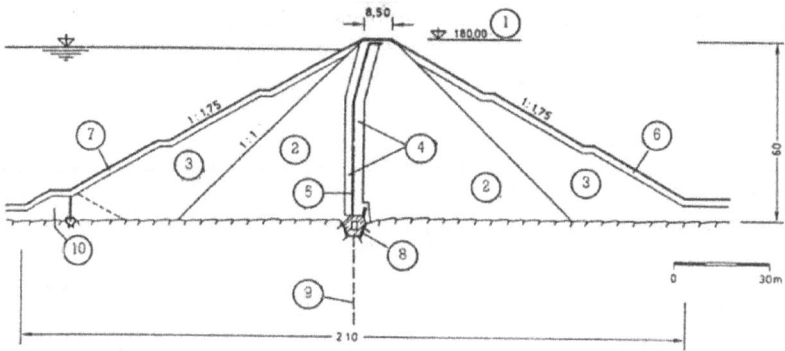

Figure B.2.2
Profil en travers

1) Crête du barrage

2) Zone de recharge intérieure du barrage

3) Zone de recharge extérieure du barrage

4) Filtre

5) Noyau de béton bitumineux

6) Zone de végétation

7) Protection en riprap

8) Galerie d'injection de coulis et d'inspection

9) Voile d'étanchéité

10) Batardeau

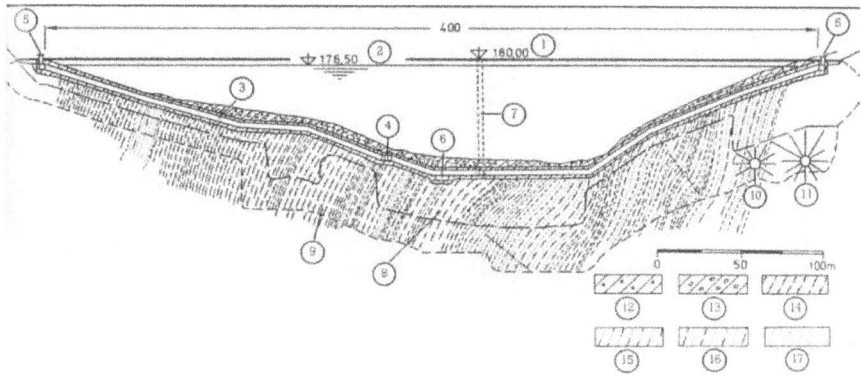

Figure B.2.1
Longitudinal section

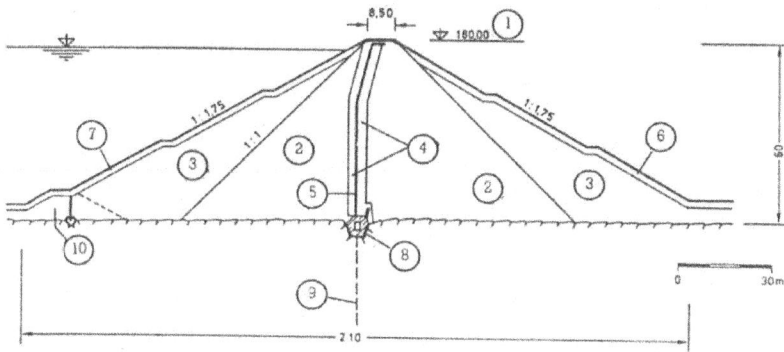

Figure B.2.2
Cross section

1) Dam crest
2) Inner dam shell zone
3) Outer dam shell zone
4) Filter zone
5) Asphalt concrete core

6) Vegetation zone
7) Riprap protection
8) Grouting and inspection gallery
9) Grout curtain
10) Coffer dam

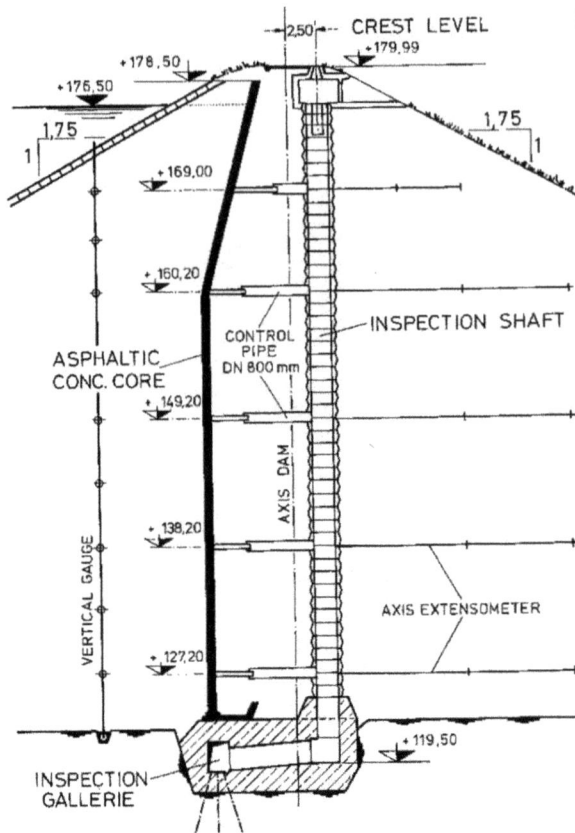

Figure B.2.3
Instruments de surveillance du barrage

Caractéristiques de conception particulières

- Noyau de béton bitumineux incliné sur la partie supérieure pour augmenter la charge sur le noyau et réduire les déplacements du talus amont du barrage.

- Instrumentation exhaustive sur le barrage pour des recherches sur la technologie du noyau de béton bitumineux et l'analyse du comportement du barrage, ainsi que du noyau de béton bitumineux.

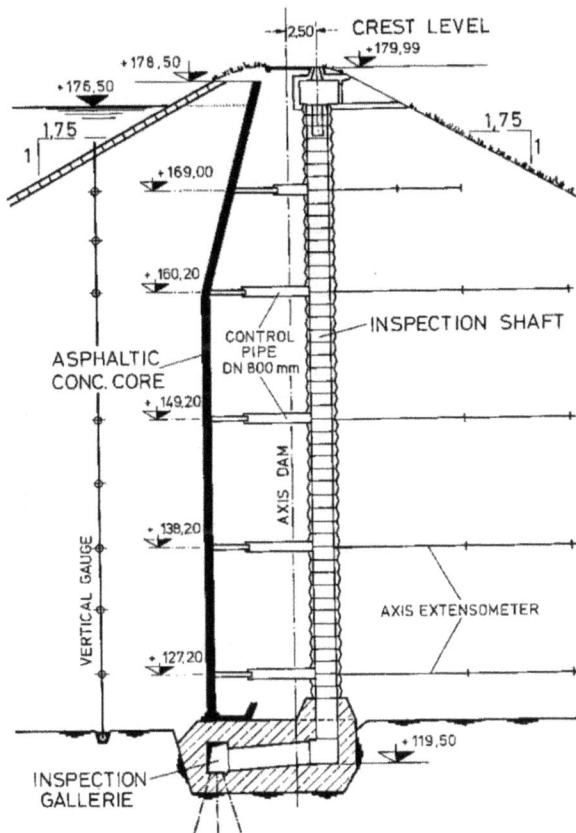

Figure B.2.3
Dam monitoring instrumentation

Special Design Features

- Inclined asphalt concrete core in the upper part to increase load on the asphalt concrete core and to reduce displacements to the upstream dam slope.

- Extensive dam instrumentation for the research of the asphalt concrete core technology and analyzing the behavior of the embankment dam as well as the AC core.

B.3   BARRAGE FINSTERTAL, AUTRICHE

Tableau B.3.1
Barrage Finstertal – Renseignements généraux

Nom du barrage	Finstertal
Pays	Autriche
But	HHP
Année d'achèvement	1980
Hauteur du barrage (axe)	95 m
Hauteur du barrage (pied du barrage en aval)	155 m
Capacité totale d'accumulation	60 10^6 m³
Volume du barrage	4,4 10^6 m³
Talus amont	1: 1,5
Talus aval	1: 1,3
Noyau de béton bitumineux	24 000 m³, inclinaison de 1: 0,4
Matériau de remblai	Granodiorite solide et sain, moraine rigide

Tableau B.3.2
Barrage Finstertal – Détails de la construction

Recharge amont du barrage	Granodiorite, diamètre max. 700 mm, teneur en vides d'environ 21 à 24%
Recharges aval du barrage	Granodiorite et moraine, diamètre max. de 700 mm
Filtre amont et filtre aval	Filtre amont 2 mètres, filtre aval 3 mètres; max. 100 mm, moraine tamisée en amont, matériau de carrière tamisé en aval
Largeur du noyau en béton bitumineux	0.7, 0.6, 0.5 mètre
Épaisseur de mise en place du noyau en béton bitumineux	20 à 25 cm
Bitume	B 65
Teneur en bitume	6,3%
Taille maximale des granules, granulats	16 mm
Teneur en filler	Total 12% ± 2% avec environ 8% de poudre de calcaire, plus 2 à 3% de filler récupéré
Épandeuse pour le béton bitumineux	STRABAG, 2e génération

B.3   FINSTERTAL DAM, AUSTRIA

Table B.3.1
Finstertal Dam – General Information

Dam Name	Finstertal
Country	Austria
Purpose	HHP Sellrain/Silz
Year of Completion	1980
Dam Height (Axis)	95 m
Dam Height (Downstream Dam Toe)	155 m
Storage Capacity, Total	60 Mio. m³
Dam Volume	4.4 Mio. m³
Upstream Slope	1 : 1.5
Downstream Slope	1 : 1.3
Asphalt Concrete Core	24,000 m³, inclined 1 : 0.4
Fill Material	Solid and sound grano-diorite, stiff moraine

Table B.3.2
Finstertal Dam – Construction Details

Upstream Dam Shoulder (Shell)	Grano-diorite, max. Ø 700 mm, void content about 21–24%
Downstream Dam Shoulders (Shell)	Grano-diorite and moraine max. Ø 700 mm
Upstream Filter and Downstream Filter Zone	Upstream filter zone 2 m, downstream filter zone 3 m, max. 100 mm, upstream screened moraine, downstream screened quarry material
AC Core Width	0.7, 0.6, 0.5 m
AC Placing Thickness	20–25 cm
Bitumen	B 65
Bitumen Content	6.3%
Max. Grain Size, Aggregates	16 mm
Filler Content	Total 12% ± 2% with approx. 8% limestone powder plus 2 to 3% reclaimed filler
AC Paving Equipment	STRABAG, 2nd generation

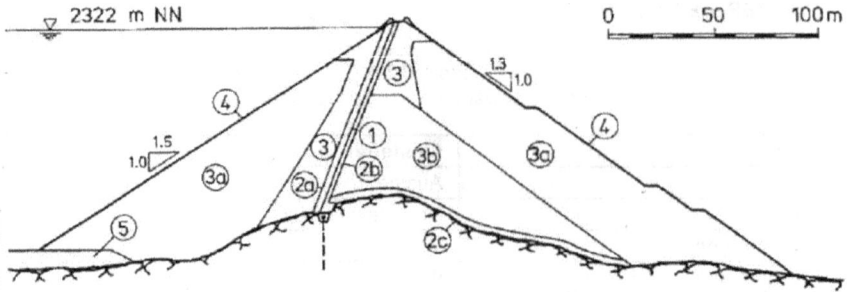

FINSTERTAL DAM: cross-section of dam

	Zone	Material	d_{max} [mm]
1	Impervious core wall	asphaltic concrete	16
2a	Transition zone upstream	screened-out moraine	100
2b	Transition zone downstream	screened-out quarry material	100
2c	Drainage zone	quarry material	700
3	Shoulder	quarry material	700
3a	Shoulder	quarry material	700
3b	Shoulder	moraine	700
4	Surface course	blocks	500–1000 (length of stone)
5	Remaining overburden	moraine	

Figure B.3.1
Barrage Finstertal – Profil en travers

Caractéristiques de conception particulières

- Une très faible percolation au travers du noyau de béton bitumineux de 40 000 m² a été détectée après la première mise en eau (environ 9 l/s). La percolation a aujourd'hui diminué à moins de 3 l/s.

- Noyau incliné en raison de la géométrie complexe de la fondation rocheuse – disposition à double courbure. La recharge aval du barrage est très rigide et les déformations globales du barrage sont relativement faibles.

B.4   BARRAGE STORGLOMVATN, NORVÈGE

Tableau B.4.1
Barrage Storglomvatn – Renseignements généraux

Nom du barrage	Storglomvatn
Pays	Norvège
But	Centrale hydro-électrique
Année d'achèvement	1997
Hauteur du barrage (axe)	128 m
Talus amont	1:1,5
Talus aval	1:1,4
Volume du noyau de béton bitumineux	22 500 m³, vertical
Étanchéisation souterraine	Voile d'étanchéité et tunnel excavé dans les fondations pour une injection potentielle par la suite
Matériau de remblai principal du barrage	Enrochement, calcaire
Fondations du barrage	Roche solide, mais karst dans certaines parties des fondations

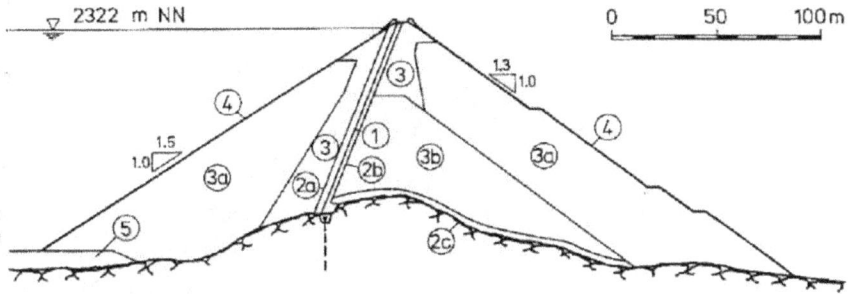

FINSTERTAL DAM: cross-section of dam

	Zone	Material	d_{max} [mm]
1	Impervious core wall	asphaltic concrete	16
2a	Transition zone upstream	screened-out moraine	100
2b	Transition zone downstream	screened-out quarry material	100
2c	Drainage zone	quarry material	700
3	Shoulder	quarry material	700
3a	Shoulder	quarry material	700
3b	Shoulder	moraine	700
4	Surface course	blocks	500–1000 (length of stone)
5	Remaining overburden	moraine	

Figure B.3.1
Finstertal Dam – Cross section

Special Design Features

- Very small seepage flows through the 40,000 m² asphalt concrete core were detected after the first impounding (about 9 l/s). Up to now the seepage decreased to less than 3 l/s.

- Inclined ACED related to the complex rock foundation geometry – double curved layout. The downstream dam shell is very stiff and the overall deformations of the dam are relatively small.

B.4   STORGLOMVATN DAM, NORWAY

Table B.4.1
Storglomvatn Dam – General Information

Dam Name	Storglomvatn dam
Country	Norway
Purpose	HPP
Year of completion	1997
Dam height (Axis)	128 m
Upstream slope	1:1.5
Downstream slope	1:1.4
Asphalt concrete core volume	22,500 m³, vertical
Underground sealing	Grout curtain and in part of the foundation blasted tunnel for potential later grouting
Main fill material for dam	Rockfill, Limestone
Dam foundation	Solid rock, but karst in parts of the foundation

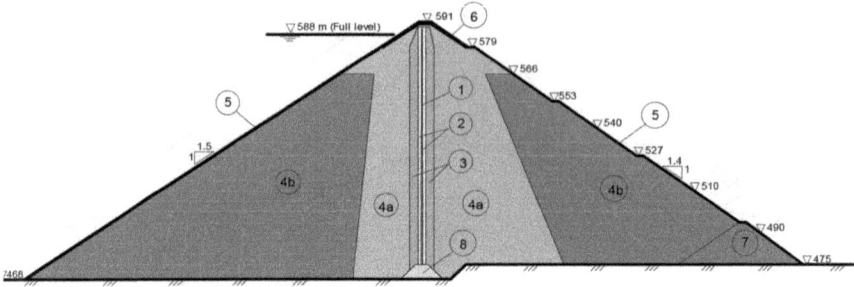

Figure B.4.1
Barrage Storglomvatn – Profil en travers

1) Noyau de béton bitumineux
2) Zone de transition (0 à 60 mm)
3) Zone de transition (0 à 150 mm)
4a) Enrochement carrière (0 à 500 mm)
4b) Enrochement de carrière (0 à 1000 mm)

5) Riprap de protection (blocs, min. 0,5 m³)
6) Capuchon de la clé (blocs)
7) Drain de pied (blocs, min. 0,5 m³)
8) Socle en béton de connexion avec noyau

Figure B.4.2
Barrage Storglomvatn

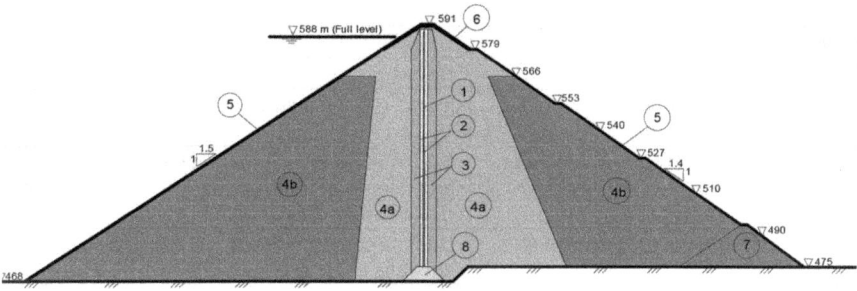

Figure B.4.1
Storglomvatn Dam – Cross section

1. Asphalt concrete core
2. Transition zone (0–60 mm)
3. Transition zone (0–150 mm)
4a. Quarried rockfill (0–500 mm)
4b. Quarried rockfill (0–1000 mm)

5. Slope protection, riprap (blocks, min.0.5 m3)
6. Crown cap (blocks)
7. Toe drain (blocks, min. 0.5 m3)
8. Concrete plinth for AC core connection

Figure B.4.2
Storglomvatn Dam

Barrage Storglomvatn – Détails de la construction

Recharge amont du barrage	Calcaire
Recharge aval du barrage	Calcaire
Zone de transition extérieure en amont et en aval	max. 150 mm, pierre concassée
Zone de transition intérieure en amont et en aval	1,3 mètre de largeur dans la partie inférieure, augmentant à 1,5 mètre dans la partie supérieure, max. 60 mm, gravier naturel et pierre concassée
Largeur du noyau en béton bitumineux	Dans la partie inférieure : 95 cm, diminuant à 50 cm dans la partie supérieure
Épaisseur de mise en place du noyau en béton bitumineux	25 cm
Bitume	B 180
Teneur en bitume	6,7%
Taille maximale des granulats	16 mm
Teneur en filler et type	13%, filler de granulats récupérés et calcaire 50/50
Épandeuse pour le béton bitumineux	VEIDEKKE, dernière génération

Caractéristiques de conception particulières

- Le barrage Storglomvatn est un des deux barrages en enrochement pour le réservoir d'une des principales centrales hydroélectriques de la Norvège. Il est situé dans le nord de la Norvège, au pied d'un glacier majeur. Le climat est froid et brumeux, avec des précipitations élevées, et la saison de construction annuelle est courte, allant de mai-juin à la mi-octobre.

- Le gravier naturel utilisé pour les granulats du béton bitumineux et pour la zone de transition interne était partiellement très fragile, avec différentes origines pétrographiques et minéralogiques.

- Le principal matériau de remblai, à savoir le calcaire, était généralement fragile, et certains matériaux ont donc dû être rejetés. Après le compactage au rouleau compacteur vibrant, la surface en enrochement étant dans certains cas si brisée que la couche supérieure a dû être enlevée avant que la couche suivante ait pu être mise en place. Même ainsi, le tassement vertical a été très faible. Le déplacement horizontal maximal sur le talus aval mesuré au niveau 510 mètres était de 0,48 mètre après la mise en eau.

- La percolation mesurée au pied du barrage neuf ans après l'achèvement du barrage est très faible, à 7 l/sec et diminue rapidement au fur et à mesure que le limon et le sable ferment les fissures dans les fondations.

B.5   BARRAGE FEISTRITZBACH, AUTRICHE

Tableau B.5.1
Barrage Feistritzbach – Renseignements généraux

Nom du barrage	Feistritzbach
Pays	Autriche
But	Centrale hydro-électrique
Année d'achèvement	1990
Hauteur du barrage (axe)	85,5 m

(Continued)

Upstream Dam Shoulder (Shell)	Limestone
Downstream Dam Shoulders (Shell)	Limestone
Outer Upstream and Downstream Transition Zone	max. 150 mm, crushed rock
Inner Upstream and Downstream Transition Zone	1.3 m wide at the bottom and increasing to 1.5 m at upper part, max. 60 mm, natural gravel and crushed rock
AC Core Width	At the bottom: 95 cm decreasing to 50 cm for the upper part
AC Placing Thickness	25 cm
Bitumen	B 180
Bitumen Content	6.7%
Max. Grain Size, Aggregates	16 mm
Filler Content and Type	13%, Retrieved aggregate filler and limestone 50/50
AC Paving Equipment	Veidekke, last generation

Special Design Features

- Storglomvatn dam is one of two rockfill dams for the reservoir of one of Norway's major hydropower scheme. It is located in northern Norway under a major glacier. The climate is cold, foggy with high precipitation and the annual construction season was short with a period from May/June to middle of October.

- The natural gravel used for the asphalt concrete aggregates and for the inner transition zone was partly very weak with varying petrographic and mineralogical origin.

- The main embankment fill material of limestone was generally weak and therefore some materials had to be rejected. After the vibratory roller compaction, the rockfill surface was in some cases so shattered that the top layer was removed before the next layer could be placed. Even so, the vertical settlement has been very small. The maximum horizontal displacement on the downstream slope at the elevation 510 m measured was 0.48 m after impounding.

- The seepage measured at the dam toe after 9 years of the dam completion is very low with 7 l/sec. and gradually decreasing as silt and sand close the cracks in the foundation.

B.5   FEISTRITZBACH DAM, AUSTRIA

Table B.5.1
Feistritzbach Dam – General Information

Dam Name	Feistritzbach
Country	Austria
Purpose	HPP Koralpe
Year of Completion	1990
Dam Height (Axis)	85.5 m

(Continued)

Nom du barrage	Feistritzbach
Capacité totale d'accumulation	22,2 10^6 m³
Volume du barrage	1,6 10^6 m³
Talus amont	1: 1,5 et 1: 1,55
Talus aval	1: 1,4
Noyau de béton bitumineux	Partie inférieure verticale, partie supérieure inclinée, 8 500 m³
Noyau en béton	400 m²
Étanchéisation souterraine	Voile d'étanchéité à deux rangées (profondeur max. 70 m), injection de collage (3 plans)
Contrôle de la percolation	Galerie de drainage et d'injection de coulis
Matériau de remplissage, recharges du barrage	Roche altérée solide et tendre

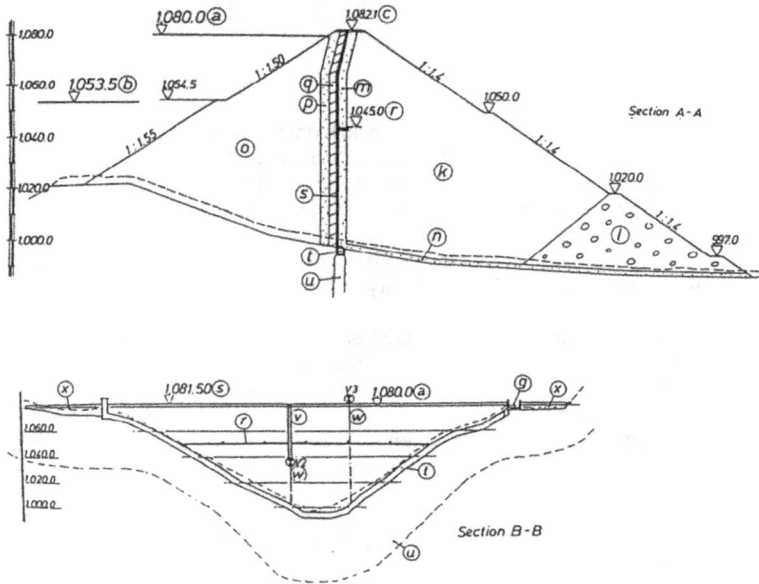

Figure B.5.1
Barrage Feistritzbach – Profil en travers et profil longitudinal

(a) Niveau normal d'opération
(b) Niveau minimal d'opération
(c) Crête du barrage
(d) Prise de la vidange de fond
(e) Prise d'eau de la galerie d'amenée
(f) Chambre des vannes de la galerie d'amenée
(g) Déversoir de l'évacuateur de crue
(h) Bassin de dissipation
(i) Galerie d'accès pour drainage et injection
(j) Remblai pour dérivation pendant la construction
(k) Recharge aval

(l) Zone de drainage
(m) Filtre aval
(n) Filtre pour fondations aval
(o) Recharge amont
(p) Filtre amont
(q) Matériau fin
(r) Section horizontale de béton bitumineux
(s) Béton bitumineux
(t) Galerie drainage et injection
(u) Voile d'étanchéité
(v) Puits

Dam Name	Feistritzbach
Storage Capacity Total	22.2 Mio. m³
Dam Volume	1.6 Mio. m³
Upstream Slope	1 : 1.5 and 1 : 1.55
Downstream Slope	1 : 1.4
Asphalt Concrete Core	Lower part vertical, upper part inclined, 8,500 m³
Concrete Core	400 m²
Underground Sealing	Two-row grout curtain (max. depth 70 m), Contact grouting (3 planes)
Seepage Control	Drainage and grouting gallery
Fill Material, Dam Shoulders	Solid and soft, weathered rock

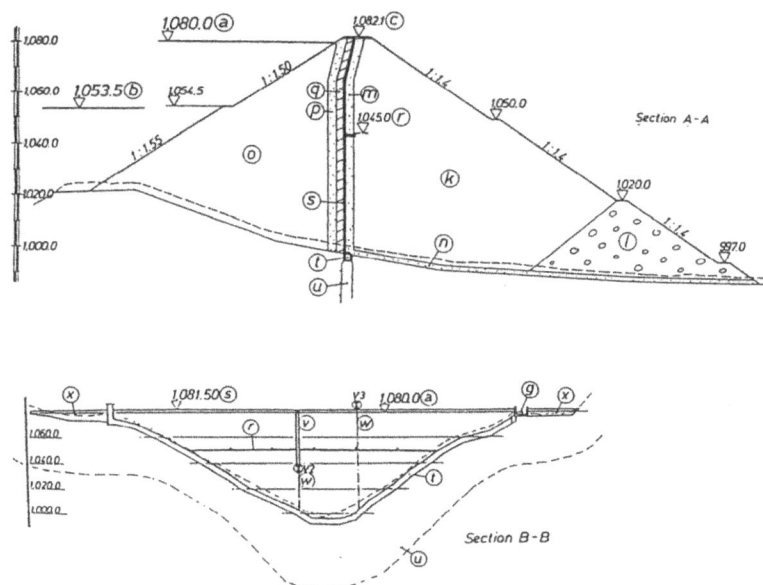

Figure B.5.1
Feistritzbach Dam - Cross and longitudinal section

(a) Normal water level
(b) Minimum operating level
(c) Dam crest with road
(d) Intake bottom outlet
(e) Intake headrace tunnel
(f) Valve chamber headrace tunnel
(g) Intake spillway
(h) Stilling basin
(i) Access drainage and grouting gallery
(j) Embankment dam for diversion during construction
(k) Downstream shell

(l) Drainage zone
(m) Downstream filter
(n) Filter on downstream dam foundation
(o) Upstream shell
(p) Upstream filter
(q) Fine-grained zone
(r) Horizontal bituminous concrete sectioning
(s) Bituminous concrete membrane
(t) Grouting and drainage gallery
(u) Grout curtain
(v) Floating sharft

Figure B.5.2
Matériau rocheux utilisé pour les recharges du barrage (roche grise solide –
recharge amont du barrage, roche altérée brune – recharge aval du barrage)

Tableau B.5.2
Barrage Feistritzbach – Détails de la construction

Matériau de la recharge	Couche épaisseur max. 60 cm, taille max. de 40 cm
Compactage	Charge dynamique de 320 kN, 2 à 4 passes du rouleau compresseur
Filtre aval et zone de transition amont	Largeur 1,5 mètre, épaisseur 20 cm, diamètre max. 60 mm, couches mises en place ensemble avec une épandeuse
Largeur du noyau en béton bitumineux	70, 60 et 50 cm
Épaisseur de mise en place du noyau en béton bitumineux	20 cm, après compactage
Bitume	Bitume B70
Teneur en bitume	6,5%
Taille maximale des granulats	16 mm
Nombre de couches par jour	Max. 3
Épandeuse pour le béton bitumineux	STRABAG, 3e génération

Figure B.5.2
Rock material used for dam shoulders (grey solid rock – upstream dam shoulder,
brown weathered rock – downstream dam shoulder)

Table B.5.2
Feistritzbach Dam – Construction Details

Shell Material	max. layer thickness 60 cm, max. grain size 40 cm
Compaction	320 kN dynamic load rollers, 2 to 4 roller passes
Filter Zone Downstream and Transition Zone Upstream	each 1.5 m wide, layer thickness 20 cm, placed together with AC paver, max. diameter 60 mm
AC Core Width	70, 60 and 50 cm
AC Placing Thickness	20 cm, after compaction
Bitumen	Bitumen B70
Bitumen Content	6.5%
Max. Grain Size Aggregates	16 mm
Number of Layers per Day	Max. 3
AC Paving Equipment	STRABAG, 3rd generation

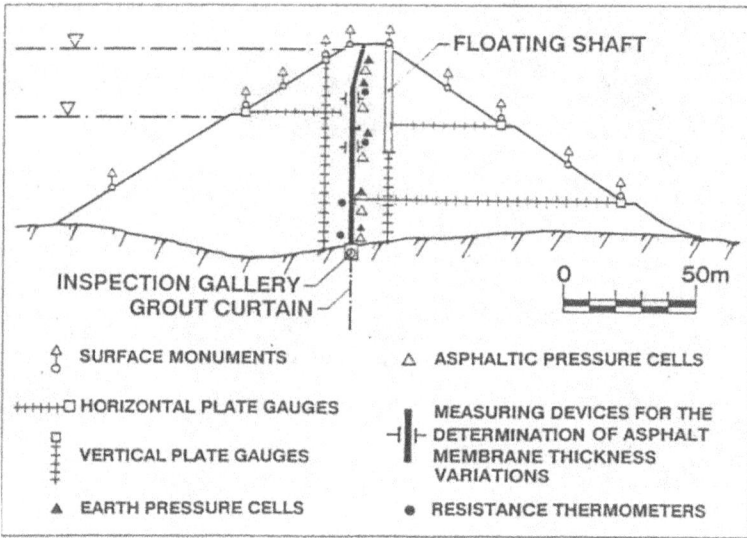

Figure B.5.3
Barrage Feistritzbach – Instrumentation

VERTICAL SETTLEMENTS
CONSTRUCTION, IMPOUNDING AND OPERATION
1990 - 1996

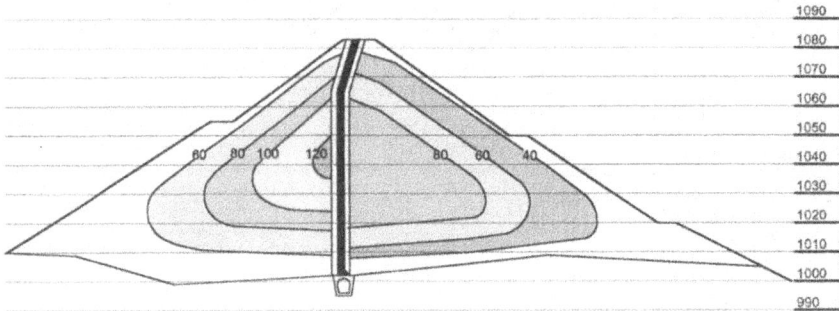

Figure B.5.4
Barrage Feistritzbach – Tassements verticaux

Caractéristiques particulières de conception et de construction

- Le tassement maximal du barrage pendant la construction (deux saisons) s'établissait à environ 80 cm dans la recharge amont. Les déformations dans la direction de l'axe du barrage et les déplacements horizontaux ne dépassaient pas quelques centimètres.

- Au niveau de la jauge horizontale H 1, le module de déformation rétrocalculé à partir des tassements mesurés par les jauges verticales était d'environ 62 à 67 MN/m².

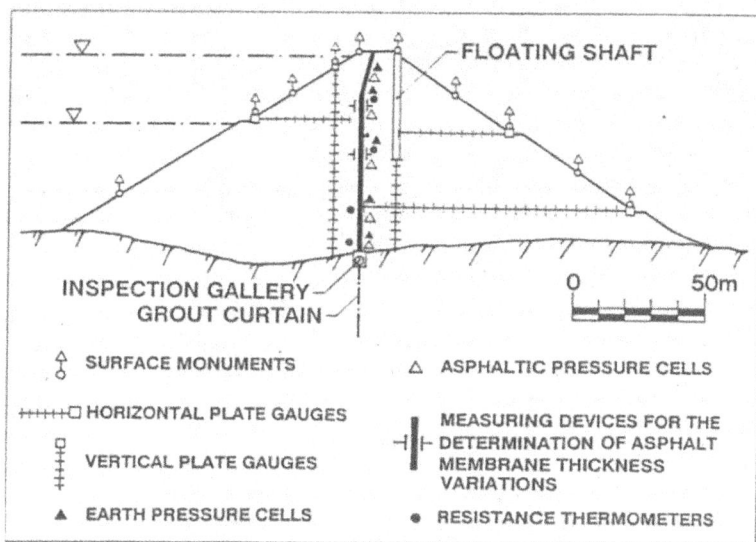

Figure B.5.3
Feistritzbach Dam – Monitoring instrumentation

VERTICAL SETTLEMENTS

CONSTRUCTION, IMPOUNDING AND OPERATION

1990 - 1996

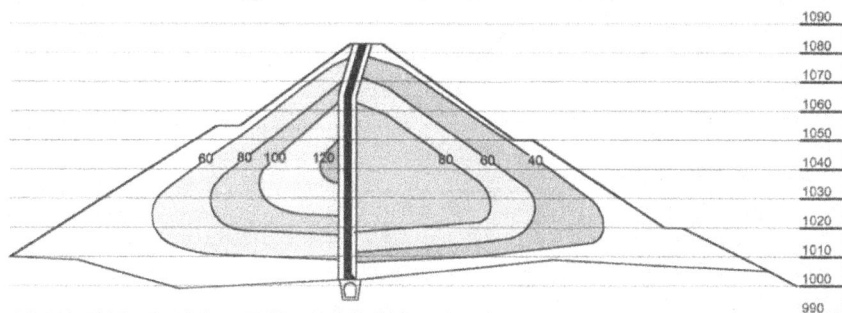

Figure B.5.4
Feistritzbach Dam – Vertical Settlements

Special Design and Construction Features

- The maximum dam settlement occurring during construction (in two seasons) was about 80 cm in the upstream shoulder. The deformations in the direction of the dam axis as well as the horizontal displacements did not exceed a few cm.

- At the level of the horizontal gauge H 1, the modulus of deformation back calculated from the measured settlements by vertical gauges was around 62 to 67 MN/m².

- Après trois années de fonctionnement, les tassements en amont ont atteint environ 106 cm à la jauge verticale V1. Des tassements plus élevés dus à la saturation ont été mesurés à la jauge horizontale H3 (environ 102 cm).

- Entre 1994 et 2009, aucune augmentation importante du tassement ne s'est produite (max. 120 cm à la jauge V1).

- Les tassements du noyau en béton bitumineux ont été mesurés par des appareils spéciaux. Le tassement dans une zone de 13 mètres entre le noyau et le puits était relativement uniforme. Les tassements du noyau en béton bitumineux ont été produits par la recharge et les zones de transition et de filtre.

- L'instrumentation installée au niveau 1 045 mètres pour déterminer les variations de l'épaisseur dans la moitié aval du noyau en béton bitumineux utilise une bille et une plaque en acier incorporées dans le noyau. Les déplacements sont transmis par des tiges d'extensomètre en verre qui se terminent dans le puits d'inspection. L'augmentation mesurée de l'épaisseur du noyau en béton bitumineux au barrage Feistritzbach était inférieure à 1 cm à cet endroit.

- La percolation à travers le noyau en béton bitumineux et toutes les connexions entre celui-ci et la galerie en béton s'établissait à un maximum de 2 l/s pour la totalité du barrage. La percolation maximale mesurée dans les fondations traitées par injection et les appuis s'établissait à environ 20 l/s.

B.6   BARRAGE YELE, CHINE

Tableau B.6.1
Barrage Yele – Renseignements généraux

Nom du barrage	Yele
Pays	Chine, province de Sichuan
But	Centrale hydro-électrique
Année d'achèvement	2005
Hauteur du barrage	124,5 m
Talus amont	1:2
Talus aval	1:2,2
Noyau de béton bitumineux	38 700 m³, vertical
Étanchéisation souterraine	Écran para-fouille en béton plastique
Principal matériau de remblai	Roc de carrière
Fondations du barrage	Partiellement sur mort-terrain épais

- After three years of operation the upstream settlements increased at vertical gauge V1 to about 106 cm. Higher saturation settlements were measured at the horizontal gauge H3 (about 102 cm).

- Since 1994 and up to 2009 no significant increasing of the settlements occurred (max. 120 cm at gauge V1).

- The settlements of the AC core were measured by special devices. A 13 m wide zone between the core and the floating shaft settled fairly even. The settlements of the AC core were initiated by the dam shell and the transition and filter zones.

- The instrumentation at elevation 1,045 m to determine thickness changes in the downstream half of AC core uses a ball and steel plate embedded in the core. Displacements are transmitted via glass fiber extensometer rods and ending in the inspection shaft. The increasing of the AC core thickness of membrane at Feistritzbach dam was less than 1 cm.

- The seepage through the AC core and all the connections between the AC core and the concrete gallery was in the range of max. 2 l/s for the whole dam. The maximum seepage loss measured in the grouted foundation and the abutments was approx. 20 l/s.

B.6   YELE DAM, CHINA

Table B.6.1
Yele Dam – General Information

Dam Name	Yele
Country	China, Sichuan province
Purpose	HPP
Year of completion	2005
Dam height	124.5 m
Upstream slope	1:2
Downstream slope	1:2.2
Asphalt Concrete Core	38,700 m³, vertical
Underground sealing	Plastic concrete cut off wall
Main embankment fill material	Quarried rock
Dam foundation	Partly on deep overburden

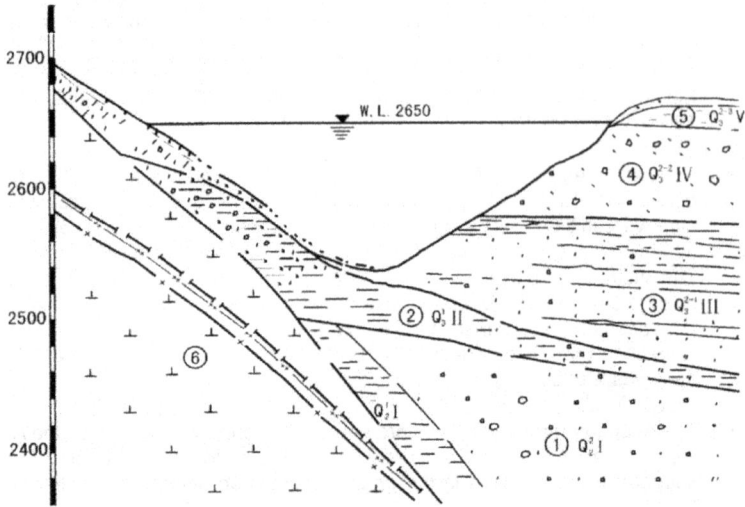

Figure B.6.1
Profil longitudinal et état des fondations du barrage

1) Gravier avec couches de sable limoneux
2) Sols cohésifs sur consolidés rigides avec pierres
3) Gravier avec couches de limon
4) Gravier
5) Sol sablonneux avec limon et fragments carbonisés de végétation
6) Substratum de diorite quartzique

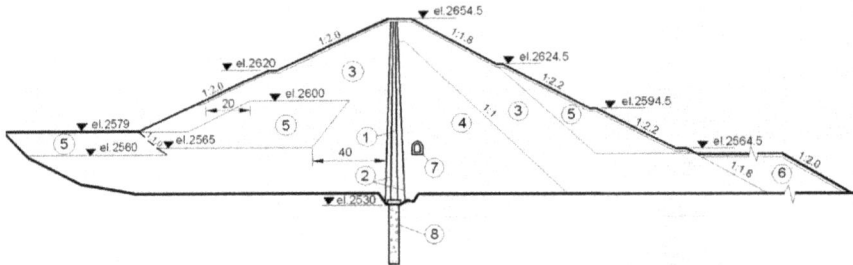

Figure B.6.2
Profil en travers du barrage Yele

1) Noyau en béton bitumineux
2) Filtre
3) Recharge rocheuse
4) Recharge aval en enrochement
5) Gravier naturel ou enrochement
6) Berme de pied aval
7) Galerie d'inspection
8) Ecran parafouille en béton

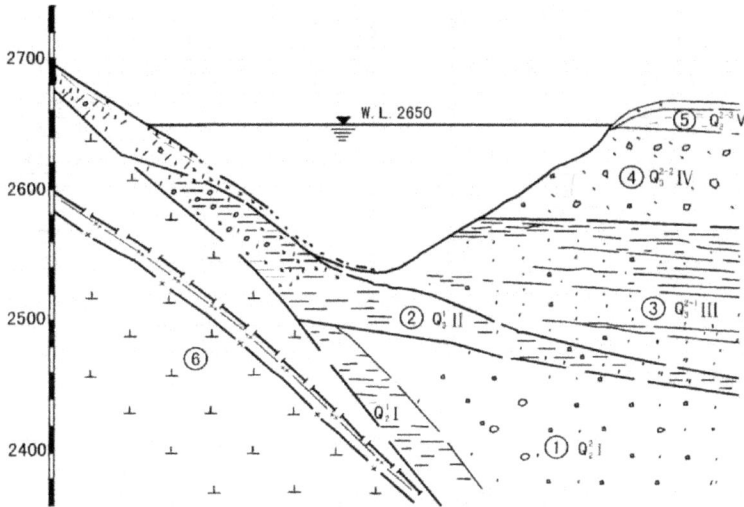

Figure B.6.1
Longitudinal section and dam foundation condition

1) gravel with silty sand layers
2) stiff over consolidated cohesive soils with stones
3) gravel with layers of loam
4) gravel
5) sandy soil with loam and carbonized plant fragments
6) quartz diorite bedrock

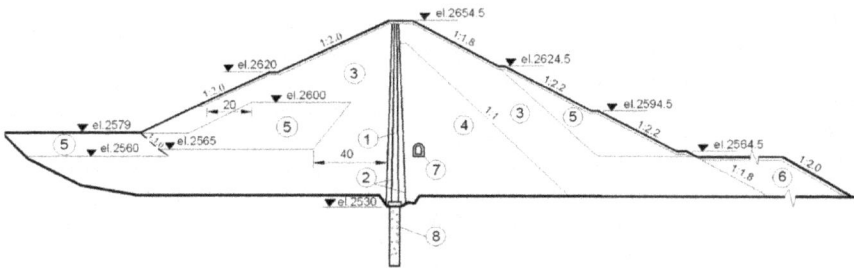

Figure B.6.2
Cross section Yele Dam

1) asphalt concrete core
2) filter zone
3) and 6) rock shell and downstream dam tow
4) downstream rock fill shell
5) natural gravel or rock fill
6) toe berm
7) inspection gallery
8) concrete cut-off wall

Barrage Yele – Détails de la construction

Largeur du noyau en béton bitumineux	120 cm dans la partie inférieure, diminuant progressivement à 60 cm dans la partie supérieure
Largeur et type de filtre	1,3 mètre dans la partie inférieure, augmentant à 1,6 mètre dans la partie supérieure. Gravier de 0 à 80 mm
Type de granulats pour le béton bitumineux	Diorite quartzique avec 30% de sable naturel
Bitume	B70
Teneur en bitume	6,3%
Teneur en filler	12%
Épaisseur de mise en place du noyau en bitume bitumineux	26 cm (après le compactage)

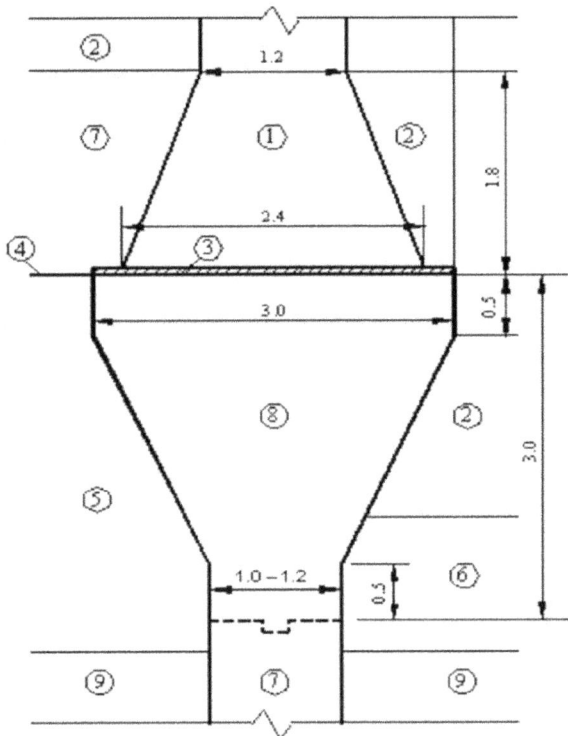

Figure B.6.3
Connexion structurale entre le noyau en béton bitumineux et le socle en béton

1) Asphalt concrete core
2) Filter zone
3) Sandy asphalt mastic
4) Geo-membrane covering upstream foundation to upstream dam toe
5) Silt
6) Filter/ drainage layer
7) Concrete cut-off wall
8) Reinforced concrete plinth plinth
9) Foundation over- burden

Table B.6.2
Yele Dam – Construction details

Asphalt Concrete Core Width	120 cm at the bottom decreasing gradually to 60 cm at the upper part
Filter Zone Width and Type	1.3 m at the bottom increasing to 1.6 m at the top section. Gravel 0–80mm.
Type of Asphalt Concrete Aggregates	Quartz diorite with 30% natural sand
Bitumen	B70
Bitumen Content	6.3%
Filler Content	12%
AC Placing Thickness	26 cm (after compaction)

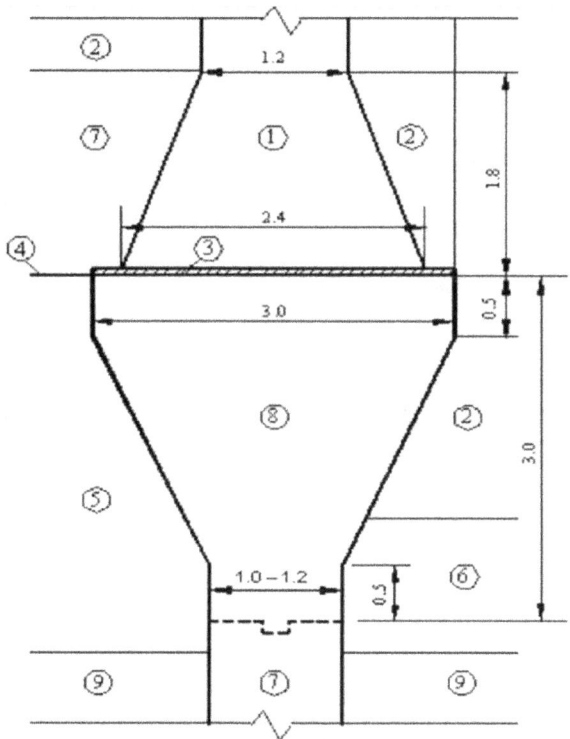

Figure B.6.3
Structural connection between the asphalt concrete core and concrete plinth

1) Asphalt concrete core
2) Filter zone
3) Sandy asphalt mastic
4) Geo-membrane covering upstream foundation to upstream dam toe
5) Silt
6) Filter/ drainage layer
7) Concrete cut-off wall
8) Reinforced concrete plinth
9) Foundation over- burden

Caractéristiques particulières de conception et de construction

- Le barrage est situé dans une zone sismique avec une accélération maximale du sol de 0,45 g pour la conception et a des pentes très douces. De plus, les fondations sont très complexes et difficiles. Un écran parafouille en béton d'une profondeur de 20 à 60 m a été construit à travers le mort-terrain jusqu'au substratum rocheux en pente constitué de diorite en rive gauche. Un voile d'étanchéité a été injecté dans la diorite quartzique au travers de l'écran parafouille en béton. Un voile d'étanchéité de 150 mètres de longueur et 80 mètres de profondeur a été injecté dans la diorite quartzique à partir de la galerie de construction. Continuellementrrain du lit de la rivière, un écran parafouille en béton de 30 à 60 mètres a été excavé et prolongé de 5 mètres dans la couche de sol relativement imperméable. Sur la rive droite, le mort-terrain était si profond que les coupures étanches ont dû être construites en quatre étapes. La première coupure supérieure est la prolongation du mur en béton de 15 mètres de hauteur construit en tranchée; la deuxième coupure est l'écran parafouille en béton ayant une profondeur de 70 mètres jusqu'au-dessus de la galerie de construction au deuxième niveau; la troisième est l'écran parafouille en béton de 60 à 84 mètres de profondeur installé à partir de la galerie de construction au deuxième niveau; et la quatrième est le voile d'étanchéité d'une profondeur de 120 mètres installé au travers de l'écran parafouille en béton.

- Le niveau en crête du barrage se situe à 2 654,5 mètres; pour cette raison, le temps est généralement froid, mouillé et humide, ce qui rend difficiles les travaux quotidiens de béton bitumineux.

- Le séisme de Wenchuan en mai 2008 a provoqué un tassement supplémentaire de la crête de 15 mm à la section centrale. Le site du barrage se trouve à 258 km de l'épicentre du séisme. Les autres séismes qui se sont produits depuis la fin de la construction ont eu des effets négligeables sur le barrage.

- Après la mise en eau, une percolation importante découlant d'un courant de fond sous l'écran parafouille a été détectée. Un puits de drainage profond a été installé dans les fondations à partir de la galerie d'observation en 2006. La percolation totale a alors été réduite à 358 l/s en décembre 2007, ce qui est inférieur à la percolation maximale de 500 l/s prévue lors de la conception.

- Après septembre 2008, des injections de coulis supplémentaires ont été effectuées et un nouveau puits de drainage a été ajouté ce qui a permis de réduire la percolation encore plus.

B.7   FOZ DO CHAPECO, BRÉSIL

Tableau B.7.1
Foz do Chapeco – Renseignements généraux

Nom du barrage	Foz do Chapeco
But	Énergie hydro-électrique
Année d'achèvement	2010
Hauteur du barrage	48
Talus amont	1,4:1
Talus aval	1,4: 1
Volume de béton bitumineux	1 400 m³
Étanchéisation souterraine	Injection de coulis ordinaire
Matériau de remblai principal du barrage	Basalte solide et dur
Fondations du barrage	Roche solide

Special Design and Construction Features

- The dam is located in an earthquake area with design intensity of peak ground acceleration of 0.45 g and with very gentle slopes. Furthermore, the foundation is very complex and challenging. A 20 to 60 m deep concrete cut-off wall was in part constructed through the over burden and down to the sloping diorite bedrock at the left bank. A grout curtain was injected into the quartz diorite through the concrete cut-off wall. A 150 m long and 80 m deep grout curtain was injected into the quartz diorite from the construction gallery. For the riverbed overburden, a 30 to 60 m concrete cut-off wall was integrated 5 m into the relatively impervious soil layer. For the right bank, the overburden was so deep that the water barriers had to be built in four stages. The upper first barrier is the 15 m high concrete wall extension built in the open excavation; the second barrier is the concrete cut-off wall with a depth of 70 m down to the top of the second level construction gallery; the third is 60–84 m deep concrete cut-off wall installed from the second level construction gallery, and the fourth is the grouting curtain with a maximum depth of 120 m installed through the concrete cut-off wall.

- Top elevation of the dam is 2,654.5 m and as such the weather is generally cold, wet and humid, therefore challenging for the daily asphalt concrete work.

- The Wenchuan earthquake in May 2008 resulted in additional crest settlement of 15 mm at the central section. The dam site is 258 km from the epicenter of the earthquake. The several other earthquakes that have occurred since the end of construction have had insignificant effects on the dam.

- After impounding, significant seepage resulting from under flowing the cut-off wall was detected. A deep drainage well was installed in the foundation through the observation gallery in 2006. Total seepage was then reduced to 358 l/s in December 2007 which is less than the maximum seepage value of 500 l/s anticipated during the design.

- From September 2008, addition grouting has been carried and a new drainage well was included. This has resulted in reducing the seepage further.

B.7 FOZ DE CHAPECO, BRAZIL

Table B.7.1
Foz de Chapeco – General Information

Dam Name	Foz do Chapeco
Purpose	Hydropower
Year of completion	2010
Dam height	48
Upstream slope	1.4 :1
Downstream slope	1.4 : 1
Asphalt concrete volume	1400 m³
Underground sealing	Ordinary grouting
Main fill material for dam	Good and hard basalt rock
Dam foundation	Solid rock

Ce projet hydro-électrique est un projet de construction, exploitation et transfert dont l'entrepreneur principal, Camargo Corrêa, fait également partie du groupe de propriétaires. Le consultant était CNEC Engenharia, Brésil. C'est le premier barrage à noyau en béton bitumineux construit au Brésil.

Le barrage a été initialement conçu avec un noyau en argile. Toutefois, l'entrepreneur principal estimait qu'une conception avec noyau en béton bitumineux permettrait de réduire considérablement la durée de construction et par conséquent le coût, avec une production plus rapide d'énergie hydro-électrique.

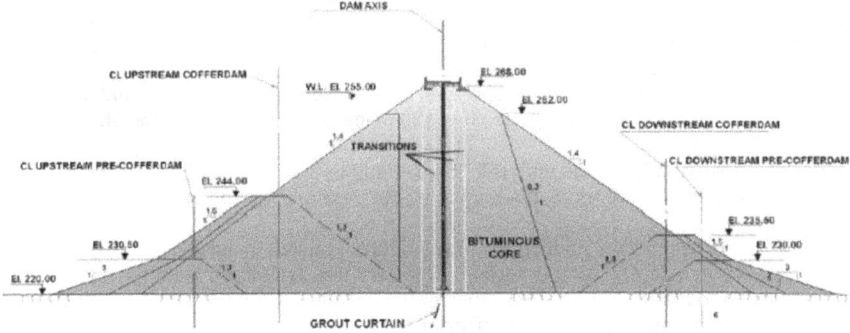

Figure B.7.1
Profil en travers du barrage Foz do Chapeco

Figure B.7.2
Travaux en cours

This hydropower project is a BOT project with the main contractor, Camargo Corrêa, also part of the owner group. The consultant was CNEC Engenharia, Brazil. This was the first asphalt concrete core dam to be built in Brazil.

The dam was originally designed with a clay core. But the main contractor believed that an asphalt core design could shorten the construction time considerable and thereby reducing total cost with the hydropower production commencing earlier.

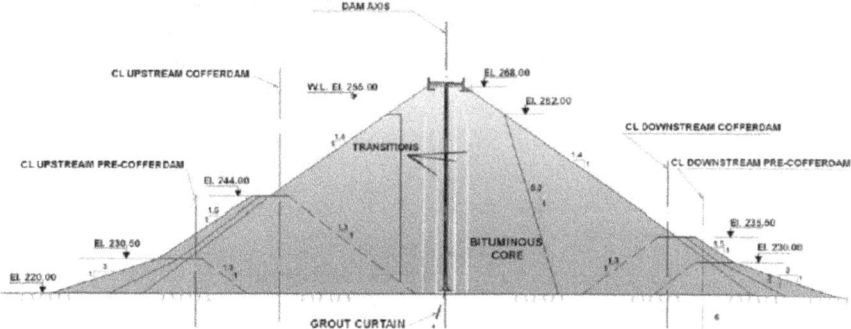

Figure B.7.1
Cross section Foz do Chapeco Dam

Figure B.7.2
Work in progress

Figure B.7.3
Vue d'ensemble du barrage et de l'évacuateur de crue

Caractéristiques particulières

Sur le côté droit, le noyau de béton bitumineux et le barrage sont reliés à l'évacuateur de crue en béton, avec une pente de 1 H : 10 V. Pour assurer un bon contact avec le noyau de béton bitumineux et la structure de l'évacuateur de crue, la zone de contact entre la structure en béton et le noyau était inclinée d'environ 1:4 vers l'aval ceci imposera une pression supplémentaire sur le noyau en béton bitumineux dans la direction de l'évacuateur de crue en béton.

Les talus relativement abrupts du remblai sont conformes à l'expérience et aux pratiques brésiliennes. Le socle en béton a été coulé en continu, sans joints ni joints waterstop.

Historique de construction

La conception du mélange de béton bitumineux a été déterminée à Oslo (Norvège) à l'automne 2009, avec des matériaux expédiés à partir du Brésil. Tous les granulats étaient fondés sur du basalte solide concassé ayant un poids spécifique élevé. Les granulats étaient relativement poreux.

Lors de l'arrivée au Brésil pour les travaux préliminaires, il est devenu évident que les granulats testés en Norvège n'étaient pas représentatifs des stocks présents sur le chantier de construction. De plus, les matériaux avaient été produits par l'usine de concassage dans des conditions sèches et des conditions pluvieuses. Cela a entraîné des variations considérables des fines dans la fraction de 0 à 4 mm. Des travaux ont été amorcés pour homogénéiser les stocks de 0 à 4 mm. Une conception révisée du mélange de béton bitumineux a été établie au Brésil, avec un teneur en bitume de 6,5%.

Après une section d'essai réussie, les travaux sur le barrage ont commencé en décembre 2009. Toutefois, après environ 2 semaines, des inondations graves se sont produites, se déversant sur les batardeaux amont et aval. Après avoir pompé l'eau entre les batardeaux, les travaux ont pu reprendre : aucun dommage n'a été détecté sur le noyau en béton bitumineux ou les filtres (0 à 50 mm de pierre concassée).

Peu après, des bulles ont commencé à apparaître sur la surface du noyau en béton bitumineux. Il s'est avéré que de la vapeur avait également été imbriquée dans les granulats grossiers après avoir traversé le tambour de chauffage du béton bitumineux. Les petites ouvertures par lesquelles la vapeur était entrée étaient temporaires et n'ont eu aucune influence sur la teneur en vides et la perméabilité du noyau. La production de bulles a arrêté après une réduction de la vitesse de production de la centrale d'enrobage, ce qui a ralenti la vitesse de passage des granulats dans le tambour de chauffage.

Figure B.7.3
Overview of dam and spillway

Special features

On the right side, the asphalt concrete core and the dam is connected to the concrete spillway, with a slope of 1 H : 10 V. In order to ensure good contact between the asphalt concrete core and the spillway structure, the contact area between the concrete structure and the asphalt concrete core was sloped about 1:4 towards downstream. The upstream water load will impose an additional pressure on the asphalt concrete core towards the concrete spillway.

The fairly steep embankment slopes are in accordance with Brazilian experience and practice. The concrete plinth was cast continuously without joints and water-stops.

Construction history

The asphalt concrete mix design was established in Oslo in the fall 2009 with materials shipped from Brazil. All the aggregates were based on crushed solid basalt rock with high specific weight. The aggregates had a fair amount of porosity.

On arrival in Brazil for preliminary work it became evident that the aggregates tested in Norway where not representative to that now stockpiled at the construction site. Further, the materials had been produced at the crusher plant in both dry as well as rainy conditions. This resulted in considerable variation of fines in the 0–4 mm fraction. Work in order to homogenize the 0–4 mm stockpile was initiated. A revised asphalt concrete mix design was established in Brazil with 6.3% bitumen.

After a successful trial section, the works commenced on the dam in December 2009. However, after approximately 2 weeks, severe flooding occurred overtopping both upstream and downstream cofferdams. After the water between the cofferdams had been pumped off, work could continue, no damage was detected on the asphalt concrete core or the filter zone (0–50 mm crushed rock).

After a short time, bubbles started to occur on the asphalt concrete core surface. This proved to be vapor that had been interlocked in the coarse aggregates also after passing through the heating drum of the asphalt concrete. The small openings where vapor had passed were only of temporary character and had no influence on the void content and permeability of the core. The occurrence of the bubbles stopped after decreasing the production speed of the asphalt plant thus slowing down the speed of the aggregates through the heating drum.

La dernière couche de béton bitumineux a été mise en place le 28 avril 2010. La hauteur du barrage a augmenté en moyenne de 10,7 mètres par mois, avec une augmentation quotidienne maximale de 1 mètre (4 couches de 25 cm chacune). Il a été clairement démontré que l'avancement de tels barrages dépend de la capacité de mise en place de l'enrochement, et non de la mise en place du noyau en béton bitumineux.

B.8 COMPLEXE LA ROMAINE – QUÉBEC – CANADA

Tableau B.8.1
Barrage Romaine-2 – Renseignements généraux

Nom du barrage	Romaine-2
Pays	Canada
But	Centrale hydro-électrique
Année d'achèvement	2013
Hauteur du barrage (*)	109,1 mètres (au-dessus du socle en béton sur l'axe)
Capacité de stockage	3 720 Mm³
Volume du barrage	4 077 657 m³
Talus amont	1,6H : 1V et 1,8H : 1V
Talus aval	1,45H : 1V
Noyau en béton bitumineux	Vertical, incliné près de la crête
Étanchéisation souterraine	Voile d'étanchéité, 3 rangées
Matériau de remplissage, recharges du barrage	Enrochement
Fondations du barrage, vallée centrale et appuis	Roc (monzonite)

(*) 130 mètres au point le plus profond des fondations amont

Tableau B.8.2
Barrage Romaine-2 – Détails de la construction

Matériau de la recharge	Enrochement, recharge intérieure max. 600 mm et recharge extérieure max. 1 200 mm
Filtre amont et aval	1,5 mètre de largeur, 200 mm
Largeur du noyau	0.5, 0.65, 0.75 et 0.85 mètre
Épaisseur de mise en place du noyau	225 mm
Bitume	PG 52-34 HDR
Teneur en bitume	6,6 à 7,2%
Taille maximale des granulats	20 mm
Teneur en filler	13 à 16%
Épandeuse pour béton bitumineux	VEIDEKKE (Svedala-Demag) DF 115C
Matériel de compactage	4 rouleaux compacteurs vibrants (1.6, 3.9, 10 et15 t)
Instrumentation	Déversoir, inclinomètres (V et H), cellules de pression, bornes, plaques de tassement, thermistors
Contrôle de la qualité	Comme défini par le propriétaire
Analyses numériques	Oui (FLAC)

The last asphalt concrete layer was placed on April 28th, 2010. The dam was raised in average 10.7 m per month with a maximum daily raise of 1 m (4 layers of 25 cm each). It was clearly demonstrated that progress on such dams depends on the infilling capacity of the rockfill, not on the asphalt concrete core placement.

B.8   COMPLEXE LA ROMAINE – QUÉBEC – CANADA

Table B.8.1
Romaine-2 Dam – General Information

Dam Name	Romaine-2
Country	Canada
Purpose	Hydro Power plant
Year of Completion	2013
Dam Height (*)	109.1 m (above the concrete plinth at the axis)
Storage Capacity	3,720 Mm³
Dam Volume	4,077,657 m³
Upstream Slope	1.6H :1V and 1.8H :1V
Downstream Slope	1.45H :1V
Asphalt Concrete Core	Vertical, inclined near crest
Underground Sealing	Grout Curtain, 3 rows
Fill Material, Dam Shoulders	Rockfill
Dam Foundation, Central Valley and Abutments	Rock (Monzonite)

(*) 130 m at the deepest point on the upstream foundation

Table B.8.2
Romaine-2 Dam – Construction Details

Shell Material	Rockfill, max. 600 mm inner shell and max. 1,200 mm outer shell
Filter Zone Upstream and Downstream	1.5 m wide, max. 200 mm
ACED Width	0.5, 0.65, 0.75 and 0.85 m
ACED Placing Thickness	225 mm
Bitumen	PG 52-34 HDR
Bitumen Content	6.6 to 7.2%
Max. Grain Size Aggregates	20 mm
Filler Content	13 to 16%
AC Paving Equipment	Svedala-Demag DF 115C
Compaction Equipment	4 Vibratory Rollers (1.6, 3.9, 10 and 15 Tons)
Instrumentation	Measuring Weir, Vertical and horizontal inclinometers, Pressure cells, Surveying Monuments and Geodetic Monitoring, Settlement Plates, Thermistors
Quality Control	As defined by Owner
Numerical Analyses	Yes (FLAC)

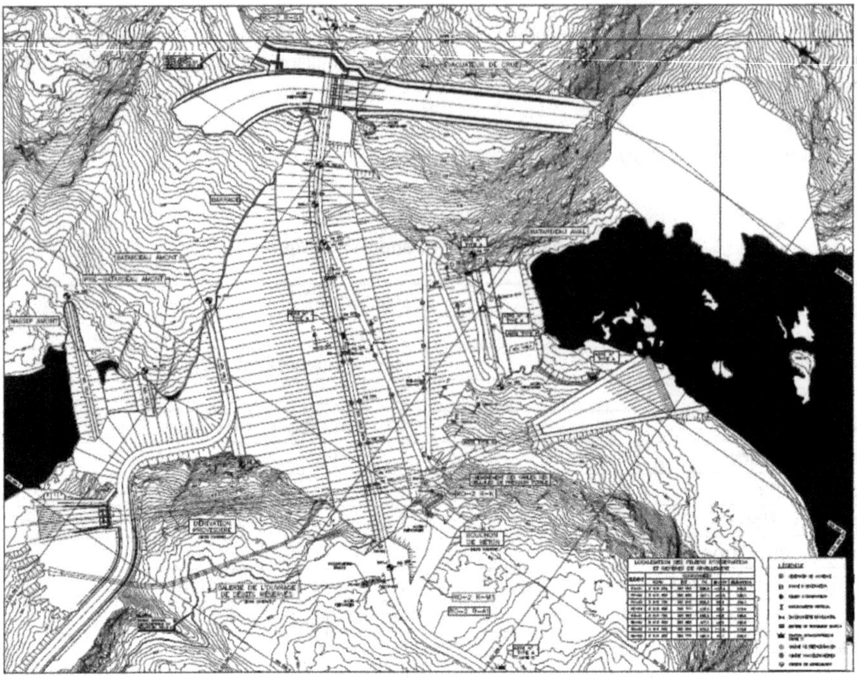

Figure B.8.1
Barrage Romaine-2 – Disposition

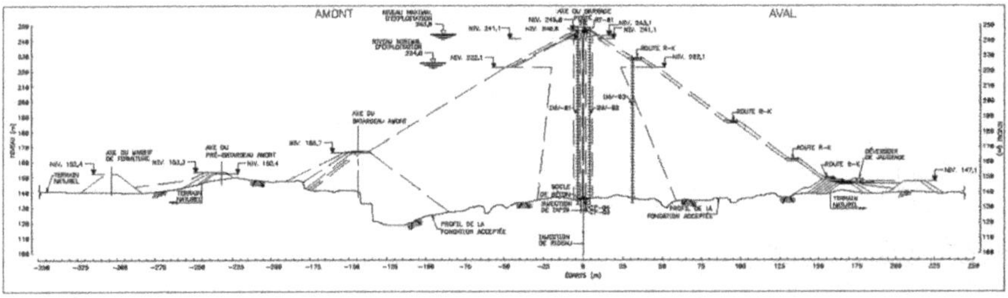

Figure B.8.2
Barrage Romaine-2 – Profil en travers d'une section d'instrumentation

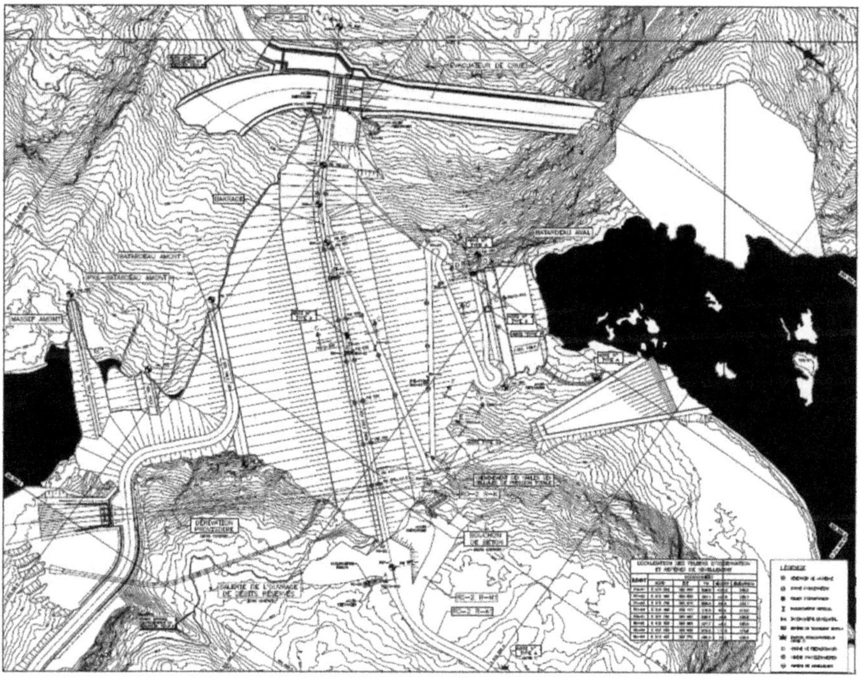

Figure B.8.1
Romaine-2 Dam – Layout

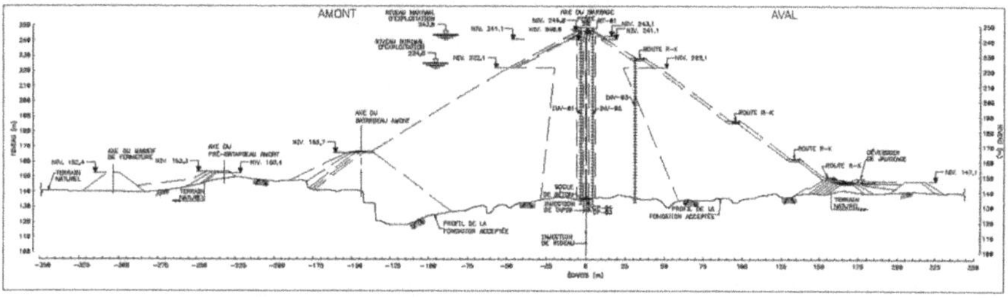

Figure B.8.2
Romaine-2 Dam – Cross Section of Instrumentation – Station 0 + 4

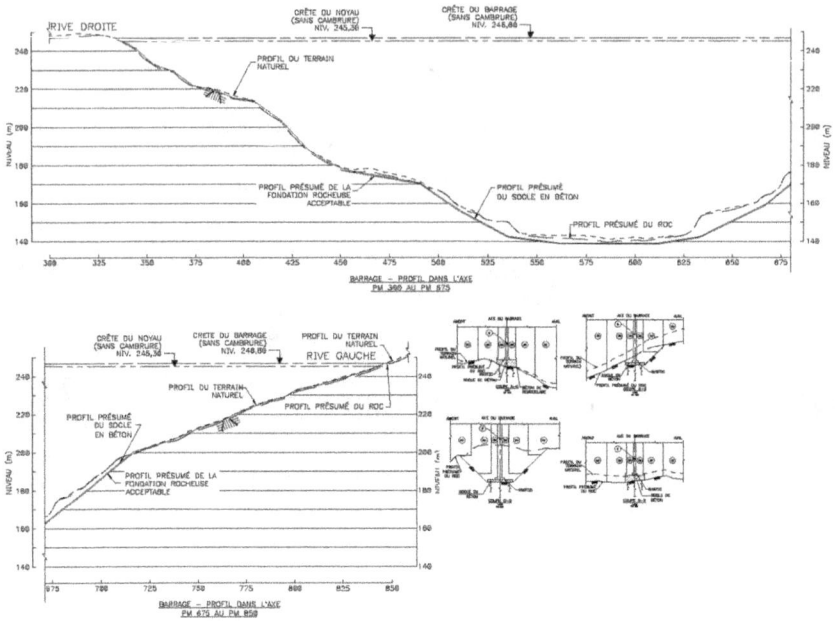

Figure B.8.3
Barrage Romaine-2 – Profil longitudinal et préparation des fondations-socle en béton

Figure B.8.4
Barrage Romaine-2 Recharge amont, portail de dérivation et évacuateur de crue

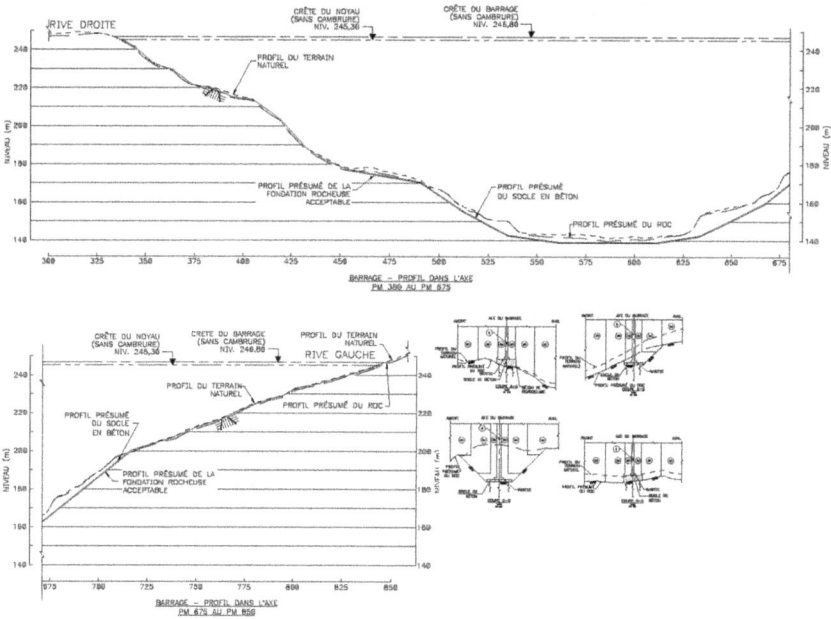

Figure B.8.3
Romaine-2 Dam – Longitudinal Profile and Concrete Sill Foundation Preparation

Figure B.8.4
Romaine-2 Dam Downstream Shoulder, Diversion Portal and Spillway

Caractéristiques de conception particulières

- Le barrage Romaine-2 est un des six barrages ou digues de type BENBB composant le projet Romaine-2

- Le détournement de la rivière a révélé la présence de plus de 300 marmites, certaines atteignant une profondeur supérieure à 3 mètres (> 20 m^3). Les matériaux qui remplissaient les marmites ont été d'abord enlevés avant de remplir les marmites avec du gravier ou du béton

- La percolation mesurée au déversoir de jaugeage aval était inférieure à 2,5 l/s.

- Les tassements mesurés du noyau en béton bitumineux après un an de fonctionnement s'élevaient à 230 mm, ce qui était inférieur aux prévisions.

- Des cellules de pression situées directement sous le noyau en béton bitumineux et de sa zone de support aval en pierre concassée d'un calibre de 0 à 80 mm réagissent instantanément aux fluctuations du niveau du réservoir.

- Une instrumentation exhaustive et des observations visuelles indiquent que le rendement du barrage est satisfaisant.

Special Design Features

- Romaine-2 dam is one of six ACRD rockfill dam/dikes comprising the Romaine-2 Project.

- River diversion revealed the presence of over 300 potholes, some reaching a depth of over 3 m (> 20 m^3). Materials filling the potholes were first excavated before backfilling the potholes with either gravel or concrete.

- Seepage flows measured at the downstream measuring weir are less than 2.5 l/s.

- Measured settlements of the AC were 230 mm after one year of operation, less than anticipated.

- Pressure cells located directly underneath the AC and its downstream 0–80 mm caliber crushed stone support zone respond instantly to reservoir level fluctuations.

- Extensive instrumentation and visual observations indicate the dam's performance is satisfactory.

ANNEXE C

BARRAGE BOUGUCHANSKAYA, RUSSIE

Pour la construction de barrages en enrochement à noyau en béton bitumineux dans le climat sibérien rigoureux, les températures extrêmes, inférieures au point de congélation, ainsi que les exigences pour la réalisation d'une barrière imperméable, doivent être prises en considération.

La technologie spéciale de la « méthode pierre-bitume » utilisée en Russie a connu sa première utilisation lors de la construction du barrage en remblai de 32 mètres de hauteur pour le stockage des boues de l'usine d'aluminium de Dneprovsk, dans la ville de Zaporozhye (1979–81). D'autres exemples de l'utilisation de cette méthode comprennent le complexe hydroélectrique « Khadita » à Iraque (hauteur d'environ 60 mètres, longueur d'environ 10 km, période de construction de 1981 à 1986), la centrale hydroélectrique Irganaiskaya (avec un barrage en enrochement d'une hauteur de 101 mètres, achevé en 2007) et la centrale hydroélectrique Boguchanskaya (barrage en enrochement, achevé en 2013). La technologie spéciale de la « méthode pierre-bitume » a été développée pour des mélanges denses d'agrégats avec une composition granulométrique hétérogène. La teneur en bitume est basée sur la valeur supérieure cible d'un mélange stable de béton bitumineux.

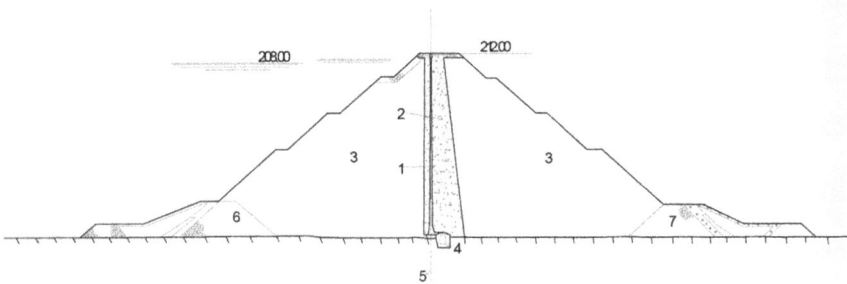

Figure C.1
Section-type du barrage en enrochement à la centrale hydro-électrique Boguchanskaya

1) Noyau en béton bitumineux avec bitume et pierre
2) Zone de transition
3) Remblai
4) Galerie
5) Voile d'étanchéité injection de coulis de ciment
6) Batardeau amont
7) Batardeau aval

Caractéristiques particulières de conception et de construction

Avant le début de la construction du barrage en enrochement de la centrale hydroélectrique Boguchanskaya dans la ville de Bratsk, une planche d'essai à grande échelle a été effectué pour le barrage avec noyau en béton bitumineux du type pierre-bitume dans un coffrage rectangulaire fermé de 40 × 42 mètres et d'une hauteur de 8,5 mètres.

La température quotidienne moyenne à Boguchany est inférieure au point de congélation pendant 190 jours par an, et il pleut pendant environ 30 jours. Cela signifie qu'il reste environ 5 mois pour la construction d'un noyau en béton bitumineux conventionnel parce que cette technologie n'est pas applicable lors de températures inférieures à 0°C et pendant les pluies fortes. Toutefois, la méthode pierre-bitume peut être utilisée pour construire un noyau étanche dans de telles conditions.

APPENDIX C

BOUGUCHANSKAYA DAM, RUSSIA

For the construction of rock-fill dams with an asphalt concrete core in severe Siberian climate, extreme temperatures below zero as well as the requirements for an impervious barrier have to be considered.

The special technology of the "stone-bitumen-method" in Russia was first used during the construction of the 32 m high earth dam for the sludge storage pit of Dneprovsk aluminum plant in the city of Zaporozhye (1979–81). Further examples for this special method are the "Khadita" hydrocomplex in Iraque (height about 60 m, length about 10 km, construction period 1981–1986), the Irganaiskaya HPP (a rock-fill dam of 101 m height, finished in 2007) as well as the the Boguchanskaya HPP (a rock-fill dam, finished in 2013). The special technology of the "stone-bitumen-method" was developed for dense mixes of aggregates according to the heterogeneity of the granulometric composition. The bitumen content is based on the upper target value of a stable asphalt concrete mix.

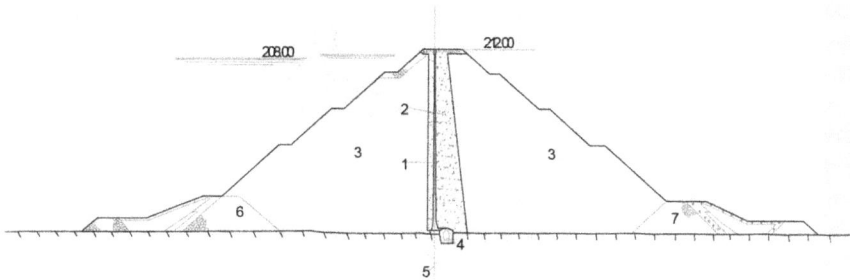

Figure C.1
Cross section of rock-fill dam Boguchanskaya HPP

1) stone-bitumen asphalt concrete core
2) transition zone
3) embankment
4) gallery
5) cement-grout curtain
6) upstream coffer dam
7) downstream coffer dam

Special Design and Construction Features

Before the construction of the rock-fill dam of Boguchanskaya HPP in Bratsk city started, a large-scale test field of the rock-fill dam with a stone-bitumen asphalt concrete core in a closed rectangle formwork with the sides of 40 x 42 m and a height of 8.5 m was completed.

The average daily air temperature in Boguchany is lower than 0° C for 190 days per year and during approx. 30 days it is raining. This means that 5 months are remaining for the construction of a conventional asphalt concrete core because this technology has limits for temperatures below 0° C and during strong rainfall. However, the stone-bitumen method can be used to construct a core barrier under such conditions.

Avec la méthode pierre-bitume, la hauteur des couches pour la mise en place peut être de 120 cm ou plus comparativement à la hauteur des couches de béton bitumineux conventionnel mis en place, soit environ 20 à 25 cm. Avec la méthode pierre-bitume, un matériau de type auto-compactage est utilisé, et aucun autre compactage n'est requis à la mise en place pour obtenir une teneur en vides inférieure à 2,8%.

Puisque le matériau pierre-bitume peut être mis en place à des températures inférieures à 0°C, les travaux de construction ont été effectués pendant 64 des 126 jours de travail en 1991, soit : 31 jours à des températures se situant entre 0 et -10°C, 19 jours à des températures se situant entre -11 et -20°C, 11 jours à des températures se situant entre -20 et -30°C, et 3 jours à des températures se situant entre -30°C et -32,9°C.

Le volume de la section coulée du noyau a été ajusté en fonction de la température ambiante. Cette technique de coulage en continu en sections comprend par étape l'enlèvement des cloisons après le coulage de la section suivante.

Figure C.2
Déchargement du mélange de béton bitumineux du camion dans le coffrage

With the stone-bitumen method the layer height for the placing may be 120 cm or more compared to the layer height of a conventional placed asphalt concrete with about 20 to 25 cm. With the stone-bitumen method self-compacting material is used and after placing no additional compaction is required to achieve an air void content of less than 2.8%.

Since the stone-bitumen material can be placed at temperatures below 0° C, the construction work was performed at temperatures below 0° C during 64 days of the total 126 working days in 1991: 31 days at temperatures between 0 and -10° C, 19 days at temperatures ranging from -11 to -20° C, 11 days at temperatures between -20 and -30°C and 3 days at temperatures between -30° C to -32.9°C.

The volume of the poured section of the core barrier was adjusted depending on the ambient temperature. This technical method of constant casting in sections includes the staggered removal of the partitions after casting the next section.

Figure C.2
Unloading of asphalt concrete mix from asphalt-truck into formwork

RÉFÉRENCES

AKHTARPOUR, A. AND KHODAII, A. (2013). Experimental study of asphaltic concrete dynamic properties as an impervious core in embankment dams. Construction and Building Materials, 41 (2013) 319–334.

ALICESCU, V., TOURNIER, J.P., AND VANNOBEL, P. 2008. *"Design and construction of Nemiscau-1 Dam, the first Asphalt Core Rockfill Dam in North-America"*. Canadian Dam Association Annual Conference. Winnipeg, Manitoba. October 2008. Canadian Dam Association Bulletin, 21(1): 6–12

ALICESCU, V., TOURNIER, J.P., VANNOBEL, P. AND MOORE V. 2011. *"Design and Construction of Nemiscau-1 Dam, the first ACRD in North-America"*. Proceedings of the United States Society of Dams, 2011 Annual Conference, San Diego, CA.

ALICESCU, V. TOURNIER, J.P., KARA, R. AND ROSCULET, D. 2015. *"Construction of La Romaine Complex in Northern Quebec: Six years of Great Accomplishments; Behaviour of Asphalt Core Dams"*. Canadian Dam Association Annual Conference. Mississauga, Ontario. October 2015.

Asphaltic Concrete for Hydraulic Structures (1990). Various authors. STRABAG Schriftenreihe Nr. 45, STRABAG International GmbH, Cologne, Germany.

BRIDLE, R (1988). *Selection and Design of the Waterproofing Element for Queen's Valley Dam, Jersey, Channel Islands*. Proceedings of the 16th ICOLD Congress, San Francisco, Q 61, R 35, p 643–653.

CHEN, Y., LI, S. AND WANG, W. (2008). *"Three-dimensional seismic analysis on Quxue asphalt concrete core rockfill dam"*. Xi'an University of Technology, Xi'an, China.

CHIDI. (2006). "Three-dimensional finite element back-analysis on Yele asphalt concrete core rockfill dam and foundation." Chengdu Hydroelectric Investigation and Design Institute, Chengdou, China.

DYMANT, A.N., KUZNETSOV, E.I. AND PROKOPOVICH, V.S. (2011). *"Cast bituminous-concrete diaphragms in earthen dams"*. Power Technology and Engineering, Vol 45, No. 6, March 2012, pp. 410–416.

FEIZI-KHANKANDI, S., MIRGAHASEMI, A.A., GHALANDARZADEH, A. AND HOEG, K. (2008). *"Cyclic Triaxial Tests on Asphaltic Concrete as a Water Barrier for Embankment Dams"*. Journal of Soils and Foundations, Vol. 48, No.3, pp 319–332.

FEIZI-KHANKANDI, S., GHALANDAZARDEH, A., MIRGAHASEMI, A.A. AND HOEG, K. (2009). *"Seismic analysis of the Garmrood embankment dam with asphaltic concrete core"*. Soils Foundation, 49(2), 153–166.

GHANOONI, S. AND MAHIN-ROOSTA, R. (2002). *Seismic analysis and design of asphaltic concrete core embankment dams*. Int. J. Hydropower Dams, 9(6), 75–78.

HÖEG, K. (1993). Asphaltic Concrete Cores for Embankment Dams, Experience and Practice. Statkraft, Veidekke, Norwegian Geotechnical Institute.

HÖEG, K. (1993). *Asphaltic Concrete Core for Embankment Dams,* Stikka Press, Oslo, Norway, ISBN 82–546-0163-1.

HÖEG, K., VALSTAD, T., KJAERNSLI, B. AND RUUD, A.M. (2007): *Asphalt Core Embankment Dams: Recent Case Studies and Research*, International Journal on Hydropower & Dams, 13:5, pp.112–119.

HÖEG, K. AND WANG, W. (2017): *Design and Construction of High Asphalt Core Embankment Dams*, Symposium at ICOLD Annual Meeting, July 3–7, 2017, Prague, Czech Republic

ICOLD Bulletin 155 (2013). Guidelines for Use of Numerical Models in Dam Engineering.

LEHNERT J., GEISELER W. D. (1976). *High Island Water Scheme / Hongkong. Bituminöse Kerndichtung für zwei 100 m hohe Damme*. STRABAG Wasserwirtschaft, Volume 66, Issue 9, p. 249-246.

SAXEGAARD, H. (2003). Crack self-healing properties of asphalt concrete: laboratory simulation. Hydropower & Dams, Issue Three.

SCHONIAN, E. (1999). *The Shell Bitumen Hydraulic Engineering Handbook*. Thomas Telford Ltd Editor. June 1999

Talsperre Schmalwasser. (1993). Various authors. STRABAG Schriftenreihe Asphalt-Wasserbau Nr. 49, STRABAG Tiefbau GmbH, Cologne, Germany.

REFERENCES

Akhtarpour, A. and Khodaii, A. (2013). Experimental study of asphaltic concrete dynamic properties as an impervious core in embankment dams. Construction and Building Materials, 41 (2013) 319–334.

Alicescu, V., Tournier, J.P., and Vannobel, P. 2008. *"Design and construction of Nemiscau-1 Dam, the first Asphalt Core Rockfill Dam in North America"*. Canadian Dam Association Annual Conference. Winnipeg, Manitoba. October 2008. Canadian Dam Association Bulletin, 21(1): 6–12

Alicescu, V., Tournier, J.P., Vannobel, P. and Moore V. 2011. *"Design and Construction of Nemiscau-1 Dam, the first ACRD in North America"*. Proceedings of the United States Society of Dams, 2011 Annual Conference, San Diego, CA.

Alicescu, V., Tournier, J.P., Kara, R. and Rosculet, D. 2015. *"Construction of La Romaine Complex in Northern Quebec: Six years of Great Accomplishments; Behaviour of Asphalt Core Dams"*. Canadian Dam Association Annual Conference. Mississauga, Ontario. October 2015.

Asphaltic Concrete for Hydraulic Structures (1990). Various authors. STRABAG Schriftenreihe Nr. 45, STRABAG International GmbH, Cologne, Germany.

Bridle, R (1988). *Selection and Design of the Waterproofing Element for Queen's Valley Dam, Jersey, Channel Islands*. Proceedings of the 16th ICOLD Congress, San Francisco, Q 61, R 35, p 643–653.

Chen, Y., Li, S. and Wang, W. (2008). *"Three-dimensional seismic analysis on Quxue asphalt concrete core rockfill dam"*. Xi'an University of Technology, Xi'an, China.

CHIDI. (2006). "Three-dimensional finite element back-analysis on Yele asphalt concrete core rockfill dam and foundation." Chengdu Hydroelectric Investigation and Design Institute, Chengdou, China.

DYMANT, A.N., KUZNETSOV, E.I. AND PROKOPOVICH, V.S. (2011). *"Cast bituminous-concrete diaphragms in earthen dams"*. Power Technology and Engineering, Vol 45, No. 6, March 2012, pp. 410–416.

Feizi-Khankandi, S., Mirgahasemi, A.A., Ghalandarzadeh, A. and Hoeg, K. (2008). *"Cyclic Triaxial Tests on Asphaltic Concrete as a Water Barrier for Embankment Dams"*. Journal of Soils and Foundations, Vol. 48, No.3, page 319–332.

FEIZI-KHANKANDI, S., GHALANDAZARDEH, A., MIRGAHASEMI, A.A. AND HOEG, K. (2009). *"Seismic analysis of the Garmrood embankment dam with asphaltic concrete core"*. Soils Foundation, 49(2), 153–166.

Ghanooni, S. and Mahin-Roosta, R. (2002). *Seismic analysis and design of asphaltic concrete core embankment dams*. Int. J. Hydropower Dams, 9(6), 75–78.

Höeg, K. (1993). Asphaltic Concrete Cores for Embankment Dams, Experience and Practice. Statkraft, Veidekke, Norwegian Geotechnical Institute.

Höeg, K. (1993). *Asphaltic Concrete Core for Embankment Dams,* Stikka Press, Oslo, Norway, ISBN 82–546-0163-1.

Höeg, K., Valstad, T., Kjaernsli, B. and Ruud, A.M. (2007): *Asphalt Core Embankment Dams: Recent Case Studies and Research*, International Journal on Hydropower & Dams, 13:5, pp.112–119.

Höeg, K. and Wang, W. (2017): *Design and Construction of High Asphalt Core Embankment Dams*, Symposium at ICOLD Annual Meeting, July 3–7, 2017, Prague, Czech Republic

ICOLD Bulletin 155 (2013). Guidelines for Use of Numerical Models in Dam Engineering.

Lehnert J., Geiseler W. D. (1976). *High Island Water Scheme / Hongkong. Bituminöse Kerndichtung für zwei 100 m hohe Damme*. STRABAG Wasserwirtschaft, Volume 66, Issue 9, p. 249-246.

Saxegaard, H. (2003). Crack self-healing properties of asphalt concrete: laboratory simulation. Hydropower & Dams, Issue Three.

SCHONIAN, E. (1999). *The Shell Bitumen Hydraulic Engineering Handbook*. Thomas Telford Ltd Editor. June 1999

Talsperre Schmalwasser. (1993). Various authors. STRABAG Schriftenreihe Asphalt-Wasserbau Nr. 49, STRABAG Tiefbau GmbH, Cologne, Germany.

TOURNIER, A., MATHIEU, B., VANNOBEL, P. ET TREMBLAY, Y. 2013. « Conception du profil et construction du socle de béton sous le noyau des ouvrages de retenue de l'aménagement hydro-électrique de la Romaine-2 ». Congrès annuel de l'Association Canadienne des Barrages. Montréal, Québec. Octobre 2013.

TOURNIER, J.P., VANNOBEL, P. ET ALICESCU, V. 2013. « *Acquis pour Romaine-2 du projet pilote Nemiscau-1* ». Congrès annuel de l'Association Canadienne des Barrages. Montréal, Québec. Octobre 2013.

VANNOBEL, P., MOORE, V., KARA, R., LARRIVÉE, S. ET TREMBLAY, Y. 2013. « *Mise en place, compactage et contrôle qualitatif concernant les noyaux en béton asphaltique du projet Romaine-2* ». Congrès annuel de l'Association Canadienne des Barrages. Montréal, Québec. Octobre 2013.

VANNOBEL, P., SMITH, M., LEFEBVRE, G. KARRAY, M. AND ETHIER, Y. 2013. *"Control of Rockfill Placement for the Romaine-2 Asphaltic Core Dam in Northern Quebec"*. Congrès annuel de l'Association Canadienne des Barrages. Montréal, Québec. Octobre 2013.

WANG, W. AND HÖEG, K. (2002): *Effects of Compaction Method on the Properties of Asphalt Concrete for Hydraulic Structures*, International Journal on Hydropower and Dams, Vol. 9, Issue 6, pp 63–71.

WANG, W. AND HÖEG, K. (2011). *Cyclic behavior of asphalt concrete used as impervious core in embankment dams*. Journal of Geotechnical and Geoenvironmental Engineering, 137(5): 536–544. doi:10.1061/(ASCE) GT.1943–5606.0000449.

WANG, W., HÖEG, K. AND ZHANG, Y. 2010. *Design and performance of the Yele asphalt-core rockfill dam*. Canadian Geotechnical Journal, 47(12): 1365–1381. doi:10.1139/T10–028.

WANG, W., ZHANG, Y., HÖEG, K. AND ZHU, Y. (2010): *Investigation of the Use of Strip-Prone Aggregates in Hydraulic Asphalt Concrete*, Construction and Building Materials, 24:11, pp.2157–2163.

WANG W., ZHANG Y., ZHU Y. AND HÖEG K. (2012): *The Asphalt Core Embankment Dam: An Attractive Alternative*, Symposium at ICOLD Annual Meeting, June 5, 2012, Kyoto, Japan.

WANG, W. AND HÖEG, K. (2016): Simplified Material Model for Analysis of Asphalt Core in Embankment Dams, Construction and Building Materials, Vol.124, pp. 199–207.

ZHANG, Y., HOEG, K., WANG, W. AND ZHU, Y. (2013): *Water tightness, Cracking Resistance and Self-healing of Asphalt Concrete used as a Water Barrier in Dams*, Canadian Geotechnical Journal, Vol. 50, No. 3, pp 275–287.

TOURNIER, A., MATHIEU, B., VANNOBEL, P. ET TREMBLAY, Y. 2013. « Conception du profil et construction du socle de béton sous le noyau des ouvrages de retenue de l'aménagement hydro-électrique de la Romaine-2 ». Congrès annuel de l'Association Canadienne des Barrages. Montréal, Québec. Octobre 2013.

TOURNIER, J.P., VANNOBEL, P. ET ALICESCU, V. 2013. « *Acquis pour Romaine-2 du projet pilote Nemiscau-1* ». Congrès annuel de l'Association Canadienne des Barrages. Montréal, Québec. Octobre 2013.

VANNOBEL, P., MOORE, V., KARA, R., LARRIVÉE, S. ET TREMBLAY, Y. 2013. « *Mise en place, compactage et contrôle qualitatif concernant les noyaux en béton asphaltique du projet Romaine-2* ». Congrès annuel de l'Association Canadienne des Barrages. Montréal, Québec. Octobre 2013.

VANNOBEL, P., SMITH, M., LEFEBVRE, G. KARRAY, M. AND ETHIER, Y. 2013. "*Control of Rockfill Placement for the Romaine-2 Asphaltic Core Dam in Northern Quebec*". Congrès annuel de l'Association Canadienne des Barrages. Montréal, Québec. Octobre 2013.

WANG, W. AND HÖEG, K. (2002): *Effects of Compaction Method on the Properties of Asphalt Concrete for Hydraulic Structures*, International Journal on Hydropower and Dams, Vol. 9, Issue 6, pp 63–71.

WANG, W. AND HÖEG, K. (2011). *Cyclic behavior of asphalt concrete used as impervious core in embankment dams*. Journal of Geotechnical and Geoenvironmental Engineering, 137(5): 536–544. doi:10.1061/(ASCE) GT.1943–5606.0000449.

WANG, W., HÖEG, K. AND ZHANG, Y. 2010. *Design and performance of the Yele asphalt-core rockfill dam*. Canadian Geotechnical Journal, 47(12): 1365–1381. doi:10.1139/T10–028.

WANG, W., ZHANG, Y., HÖEG, K. AND ZHU, Y. (2010): *Investigation of the Use of Strip-Prone Aggregates in Hydraulic Asphalt Concrete*, Construction and Building Materials, 24:11, pp.2157–2163.

WANG W., ZHANG Y., ZHU Y. AND HÖEG K. (2012): *The Asphalt Core Embankment Dam: An Attractive Alternative*, Symposium at ICOLD Annual Meeting, June 5, 2012, Kyoto, Japan.

WANG, W. AND HÖEG, K. (2016): Simplified Material Model for Analysis of Asphalt Core in Embankment Dams, Construction and Building Materials, Vol.124, pp. 199–207.

ZHANG, Y., HOEG, K., WANG, W. AND ZHU, Y. (2013): *Water tightness, Cracking Resistance and Self-healing of Asphalt Concrete used as a Water Barrier in Dams*, Canadian Geotechnical Journal, Vol. 50, No. 3, pp 275–287.

For Product Safety Concerns and Information please contact our EU
representative GPSR@taylorandfrancis.com
Taylor & Francis Verlag GmbH, Kaufingerstraße 24, 80331 München, Germany

www.ingramcontent.com/pod-product-compliance
Lightning Source LLC
Chambersburg PA
CBHW060258220326
41598CB00027B/4146

9 7 8 1 0 3 2 8 7 1 4 9 3